U0131646

幸福力

[日] 渡边淳一 著

竺家荣 译

青岛出版集团 | 青岛出版社

图书在版编目（CIP）数据

幸福力 /（日）渡边淳一著；竺家荣译 . — 青岛：青岛出版社，2022.8
ISBN 978-7-5736-0254-1

Ⅰ.①幸… Ⅱ.①渡…②竺… Ⅲ.①幸福—通俗读物 Ⅳ.① B82-49

中国版本图书馆 CIP 数据核字（2022）第 096067 号

书　　名	XINGFU LI **幸福力**	
著　　者	［日］渡边淳一	
译　　者	竺家荣	
出版发行	青岛出版社	
社　　址	青岛市崂山区海尔路 182 号	
本社网址	http://www.qdpub.com	
邮购电话	0532-68068091	
策　　划	刘　咏　杨成舜	
责任编辑	初小燕	
封面设计	今亮后声	
照　　排	青岛新华出版照排有限公司	
印　　刷	青岛新华印刷有限公司	
出版日期	2022 年 8 月第 1 版　2024 年 6 月第 8 次印刷	
开　　本	大 32 开（890mm×1240mm）	
印　　张	6	
字　　数	123 千	
印　　数	65001-72000	
书　　号	ISBN 978-7-5736-0254-1	
定　　价	39.00 元	

编校印装质量、盗版监督服务电话　4006532017　0532-68068050
本书建议陈列类别：日本·畅销·励志

"幸福是什么？"

"怎样去捕捉幸福呢？"

现在，就让我们踏上这"幸福达人"之旅吧。

读到这里，可能不少人会产生这样的疑问：

"你说什么？幸福离我们这么近吗？"

"这么容易就能抓住幸福吗？"

其实，完全用不着这么怀疑、这么惊讶。

因为幸福就在你的身边，多得到处都是。

幸福正眼巴巴地等着你发现它、拾起它来呢。

我们怎么能无视近在咫尺的幸福，不把它拾起来呢？

目　录

第一章

幸福是『谦卑态』

在这个日新月异的世界里，

『幸福』到底是什么呢？

什么才是『自己的』幸福呢？

不认真思考这个问题，

幸福的人生便是渺茫的。

自己是幸福的，还是不幸的？

我们是怎样判断幸福与否的呢？

首先要提醒大家的是，幸福因人而异，因国家而异，甚至因居住地不同而有所差异。

比如，把现在日本人所理解的幸福和菲律宾人、马来西亚人以及住在非洲的人所理解的幸福比较一下的话，可能会有很大的差异。

换句话说，面对同样的事情，有的人会觉得幸福，有的人却并不觉得幸福。

幸福对于每个人来说都是不同的。换言之，"幸福"这个词说起来简单，内容却是丰富多彩、变幻无穷的。在寻找幸福之始，首先要把这一点牢牢记在心里。

和身边的人比较

在思考幸福与否时，首先遇到的问题就是和别人比较。

别人包括最亲近的亲戚、街坊四邻、一个公司的同事以及交往的朋友等，人们往往会不由自主地拿自己和这些人进行比较。

比如，邻居家的男主人拿着高工资，住的房子比自己家要宽敞豪华得多。和这样的邻居一比，自己的老公挣得又少，房子又小又破旧。家具和生活用品也要拿来比较。邻居家拥有满屋子的高档货，自己家却都是些便宜货，于是就想，我怎么这么不幸啊。

再比如，朋友A先生的儿子考上了名牌大学，自己的儿子却进了二流大学，于是就想，真是跟朋友的儿子没法比呀。

老同学B先生从头到脚都是名牌，而自己穿的净是廉价货。相比之下，恨不得找个地缝钻进去，于是就想，我怎么这么不幸啊。

像上面所举的例子那样，幸福与不幸福的判断来自和别人的比较。越是这种时候，人们越是只注意到自己不理想的一面，从而愈加感到自己不幸。

那么，怎样才能避免这样想呢？

答案很简单——不和周围的人比较就行了。

不过，即使有人对你说"不要和别人比较"，你也不会很容易地做到。这是因为我们总是在与他人的关联中生活、行动的。

如果失去了这种关联，人的生活就会变得困难起来。所以说，人与人的关联不是轻易割得断的。

将比较的标准降低

那么，能够想到的解决方法就是将比较的标准降低。

也就是说，不去和富裕的右邻比较，而是和比较寒酸的左边邻居比一比看。

那家的男主人因裁员正在失业，他的太太出去打零工，他们收入微薄，每天过着简朴的生活。电视和冰箱都是旧的，每天吃的食物也是快过期的降价品。

如果从"和不如自己的人比较"这种幸福观出发，将视野扩展到海外的话，幸福指数的差距就会拉得更大。比方说，想想那些生活在不发达地区的穷人们，和他们相比的话，就会觉得自己生活在和平的国度，有安全的居住环境和清洁的水，每天有足够的食物，已经谢天谢地、超幸福了吧。

不过，和情况相差太多的人比较或许没什么意义。因为即使一瞬间感觉自己很幸福，可是一旦将视线移回到身边来，富裕邻居的大房子就映入眼帘。

无论通过电视和报纸了解了多少遥远的贫困国家的事情，心中还是没有具体概念。尽管一瞬间感到自己很幸福，但也会马上叹气说："我还是不太幸福啊。"

总之，纵然对他们说"不要向上比"，他们也很难做到。正是因为做不到，才这么不幸的嘛。

当然，对他们说"要向下比"照样不行。无论这一瞬间心态多么平和，只要隔壁碧绿的草坪进入他们的视野，他们就会不甘心起来。让他们"想想遥远的穷国"，他们却因为没有现实感而感觉不到已有的生活值得珍惜。

那么，到底怎样做才好呢？

现在需要重新考虑的就是要从根本上改变自己的幸福价值观。

幸福是"谦卑态"

以前，有一位名叫中城文子的和歌诗人。突然提到的这个名字，我想大多数人不曾听说。她出生于北海道的带广，是二战结束后不久，和寺山修司[①]等人一起如彗星般出现在日本和歌

---

① 寺山修司：1935—1983，日本和歌创作家、评论家、电影导演、前卫戏剧的代表人物。著有《寺山修司全歌集》，戏剧代表作有《草迷宫》《狂人教育》等。

界的女诗人。

不幸的是，她年纪轻轻就得了乳腺癌，以当时的医疗水平来说，那是不治之症。尽管失去了乳房，她却继续追求奔放的爱。在留下一本和歌集《丧失乳房》后，三十一岁的她英年早逝。

碰巧的是，她去世的札幌医科大学医院也是我的母校，所以我曾把她的一生写进《冬日花火》这部小说中。

川端康成还为中城文子的处女和歌集《丧失乳房》写了序，书中的许多首名作流传至今。

昔有浪女遭割乳，吾亦丧乳同堪怜。

既有这样令人窒息的和歌，也有下面这样温情脉脉的和歌。

俯身为君系鞋带，幸福有此谦卑态。

我想将这后一首和歌作为我所思考的"幸福"的定义。

这首和歌一看就能懂。意思是说，过去和相爱的人一起走路的时候，看见他的鞋带松了，她说"等一下"，蹲下身子，帮他把鞋带系上了。

这时候，她切切实实地感受到了幸福。

同时，她发现幸福并不是那么遥不可及、那么高不可攀，它就在自己身边，就在人们意识不到的地方。

这首和歌鲜明地表达了她对男友深深的爱和对幸福独到的理解。

写这首和歌的时候，她三十岁出头。

她是北海道带广市一家大和服店的千金，十九岁结婚，三十岁时已育有三个孩子。但是，她的婚姻生活并不长久。她离了婚，在一个人养育孩子的过程中罹患乳腺癌，开始了与病魔的斗争。

她离婚后不久、患病之前，和带广畜产大学的一名学生坠入爱河，沉醉于转瞬即逝的爱情。

这首和歌就是在那场短暂的恋爱中写成的。

我想，那时候，她一定怀抱着许多期待与希望吧。

可以的话，她想再结一次婚，组建一个安宁的家庭；她希望孩子们早些长大，变得更加坚强；她还想安抚老父老母，尽尽孝道，以前曾给他们添了很多烦忧……

她一定描绘着数也数不清的梦想，心想着这些梦想若都能实现的话，该多么幸福啊。然而，残酷的现实是一个愿望也实现不了。她可能会觉得自己投生的是一个多么不幸的星宿啊。

在那些日子里，唯一能让她心情愉悦的，就是和那个年轻大学生互相依偎、倾诉衷肠。

可是，在那个乡下小镇里，他们不可能自由并公开地见面，就连并肩走路也是困难重重。

一次，她和他偶然相遇，两人在大学附近的落叶松林里散步。

她无意中往下一看，发现他的鞋带松了。

她赶忙说"等一下"，蹲下来为他把鞋带系紧。

当时，他站立不动，低头看着脚下，在他的注视中，她为他系紧了鞋带。

这在旁人看来是那么微不足道，对当事人来说也只是很平常、很偶然的一道小风景。

但是，她就是这样为他系鞋带。从这些琐碎的不足为奇的小事中，她感受到了无比美好的幸福——这正是她对于幸福的新发现。

她发现，幸福并不是什么可望而不可即的东西，只要寻找，它就潜藏在自己身边。

不久，她就患上了乳腺癌，以当时的医疗水平来说那是不治之症。三年后，在三十一岁的时候她就谢世了。

在那段时间里，她将各种各样的思绪寄托于一首首和歌，编成了和歌集《丧失乳房》。

可以想象，那时她肯定有着无数用语言难以表达的苦痛与悲哀。

但是，她知道身边还有许多小幸福，于是不断去寻找、去追求，时常回想起和他在一起的幸福瞬间，就这样走完了自己的人生旅途。

第二章
让身体充满幸福

『幸福达人』和『幸福愚人』，

二者之别在哪里呢？

首先要对自己的身体进行一番思考。

在你的身体里藏着无数的幸福，

只是你没有发现。

即使告诉人们"应该改变一下视角，去找寻身边的幸福"，还是会有很多人苦恼于不知道什么是幸福，或者找不到幸福。

对于这种人，先由我们来帮他们找一找幸福吧。

其实，幸福简单得出人意料。那就是要认识到自己与生俱来的"生存能力"，并充分地利用它，感激它。可能有人会觉得奇怪："原来这就是幸福啊！"

舒服地小便

下面说说我自己的真实感受。一直以来，酒足饭饱之后，我会站在便池前小便。

有时候，看着小便溅到洁白的便器上面，我会偷偷发出感叹："我真幸福啊。"

然后，我会对着顺畅排出小便的自己的肾脏、膀胱以及尿道轻轻道一声谢。

看到这儿，可能有人会说"这有什么新鲜的嘛""喝了水当然会小便啊"。

其实，并不是像大家想的这么简单。

喝了水会排尿，其整个过程是：肾脏把流经的血液中的水分抽出来，输尿管负责把这些水分运送到膀胱，膀胱里的水分蓄积到一定量之后，适时从尿道排泄出去。

在这期间，我身体里的无数细胞执行着各自被赋予的使命，拼命地工作。

如果其中某一部分发生了故障，尿马上就会被堵塞，尿不出来了。

实际上，这方面的病症有很多种，很多人因此而受苦。

例如：接受人工透析的人肾脏机能减弱，小便就不能顺畅地排出，所以要尽量控制饮水。喉咙干渴得不行的时候，就摄取一些酸的食物等，每天都要这样倍加小心。

即使这样还是不行，于是一周要去两三次医院，躺在病床上，进行血液透析。

如果不坚持做，就会排不出尿，人就会越来越接近死亡。

在现实生活中看到这样的病人后，就能够切实地感受到畅饮了啤酒之后，想要小便就去厕所排尿是一件多么幸福的事了。

你在舒服地小便——只此一件事，你就已经抓住了伟大的幸福。

如果这样仍觉得不幸福的话，那么只能说你忘记了身边重要的幸福，对它熟视无睹。

对心脏和血管也要感谢

回顾自己的身体，我们必须要感谢的器官有很多。

比如，我们的生命之源心脏，一刻也不停歇地在拼命工作。

心脏通过血管将包含新鲜氧气和营养的血液输送到全身，再把末梢组织中的脏血运回心脏，然后通过肺循环将氧气加入其中，使其变成新鲜的血液，并再次将其送到全身。

无论多高多胖的人，血液都从心脏所在的胸部被输送到脚趾，再被送回心脏。

如果心脏和血管有一点懈怠，血液送达不到的组织就会溃烂、坏死。

像这样把血液送到全身各处再送回来，就叫作血液循环。这么复杂的过程平均一分钟要重复七十到八十次。

把血液送到全身的力就是血压，相当于把水银柱压至一百二十到一百三十厘米高的力。心脏负责把血液送到全身后再收回来。心脏肩负着这个关乎生命根基的重要使命，一刻不休，即使在我们说话的时候、吃饭的时候，甚至睡觉的时候，它也在不停地工作着。

正因为内脏器官如此重要，所以因心脏或血管出了问题而得了各种疾病的人不在少数，甚至有人因此失去生命。

但是，现实生活中的人大多时候是会忘记这些的。

比如，当人们认为自己很不幸，把自己关在昏暗的房间里的时候，以及自暴自弃到要从站台跳到铁轨上的时候，心脏都在拼命地向全身输送新鲜血液，并把脏了的血收回来。

如果想一想这么没日没夜为自己工作的心脏，人怎么可能去自杀呢？

因为你这么做，是对为了你的生命而拼命工作的心脏的背叛，也是对给予你健全身体的父母的背叛。

身体自备的"安全机构"

你的身体里备有好几个旨在让你生存下去的"安全机构"。

就拿全身的血管来说，它们真是配置得非常精巧，且十分高效，实在是不可思议。

用高压运送新鲜血液的动脉位于身体的深处，运送脏血的静脉位于靠近皮肤表面的位置。所以，轻微划破或碰破皮肤，流出来的一般是静脉血。静脉相比动脉血压要小，所以即使受了伤，出血量也很少，而且血液中氧气和养分的含量也很少。

而输送新鲜血液的主动脉血管被安置在身体里面，受到保护，一般不会被伤着。

在拳击等格斗竞技中，经常能看到选手满脸是血。脸部血管纵横交错，一旦划破会流很多血，让人看着都觉得很疼，很吓人，其实他们并没有生命危险。

因为血液具有一接触空气便凝固的特性。即使出血，不多久就会止住，所以划伤或流鼻血通常是不会引起死亡的，这类伤口一般只要消消毒，防止化脓就没事了。

记得以前当医生的时候，有一次我值夜班，有两个满脸是血的男人被送来，看样子像是黑道上的。他们叫嚷着"别管其他病人，快点儿先给我们看！""要是恶化了，可别怪我们不客气！"。

我把他们分别关进厕所，从外面上了锁。他们虽然看起来血流满面，惨不忍睹，其实伤得不严重，并不需要紧急处置。

两人在厕所里折腾了一会儿，加上喝醉了，又恰到好处地流了一些血，渐渐安静下来睡着了。这时，我才把他们从厕所里放出来，对伤口进行了缝合，结果什么问题也没有。

知识不足捡条命

有的人用刀割伤手腕想自杀，但是轻度划破皮肤后流出的血几乎都是静脉血。不处置的话，人会失去意识，一般不会死亡。

而且，人失去意识后，手腕会自然向内弯曲，从而压迫伤口起到止血的作用。

不过，在某些靠近皮肤的地方，也游走着动脉。

那就是手腕内侧靠近拇指的地方、大腿根，还有脖子侧面。

如果割破了这几个地方，伤及动脉，就会喷出大量血液，很可能会致死的。

我还是医学系一年级学生的时候，有一个高我两年级的前辈曾经抹脖子自杀，却捡回了一条命。

因为他割破的不是颈动脉而是颈静脉。当然，他本人想割的是颈动脉。所幸没有伤到颈动脉，人只是昏了过去。

当时，教解剖学的教授半开玩笑地说："所以我老说，你们要好好学习解剖学嘛。"

那位前辈确实是学习得不够，不过我们也由此知道了人体的构造，知道了人不是那么容易死的。

肝脏是一座巨大的"化工厂"

我们即使喝醉、吃多了，或吃了不干净的东西，也很少会死掉。

这种时候，最最活跃的就是肝脏。肝脏一边将对身体不利的物质进行解毒，一边将废弃物分解排出。

肝脏还具有将食物的营养储藏在体内，必要时将其转换为能量，供人体使用的功能。

相对于担负物理性工作的心脏，承担着很多化学性工作的肝脏就更为复杂，是非常重要的内脏器官。

心脏挤出动脉血收回静脉血，这只是一个单纯的水泵原理，所以实现人工心脏并非梦话。

但是，如果用人工完成一个人的肝脏的工作的话，据说需要一座两三栋高楼规模的化工厂。而我们大家体内都拥有功能如此先进的肝脏，它日夜为我们做着复杂的工作。

知道了这个功能的话，就会明白偶尔拉稀或呕吐也不是无意义的事。拉稀和呕吐是为了把身体不需要的东西或毒素尽快从体内排出来，这是身体自带的防御措施。

人的身体里面基本没有完全无用的东西。所有的骨骼、脏器、脑神经等都发挥着无比巨大的作用。它们紧密合作，延续着我们的生命。

就这样，我们全身的每一个器官都在为了我们拼尽全力地工作。

就算有谁背叛了你，身体里的各个器官也不会背叛你。

即使你觉得"我不幸"，你身体里仍然潜藏着那些得了病的人拼命追求的幸福。

如果注意到了这点，你就会想"我是多么幸福啊"。

即使你被谁欺负了，你身体里的器官也不会欺负你。

无论是心脏、肾脏还是尿道，它们都在为了你能朝气蓬勃地向前进而不眠不休地付出努力。

再说一遍，你身体里有着数也数不清的"战友"。

你只要意识到了它们的存在，就会不由自主地对自己的身体说一声"谢谢"，并感受到无穷无尽的幸福。

和过去比比看

在寻找幸福的过程中，另一个重要之点是回想过去困难的时期。

当大家意识到了自我、环顾四周时，日本已经变得富强起来，物质极大地丰富了。

但是，二战结束的时候，我还是一名小学五年级学生。

后来，国家从二战后的谷底慢慢发展起来，一跃而跻身经济大国。我目睹了整个过程，每天都在惊异中度过，并无数次感受到幸福。

首先，配给制所限制的食品渐渐充盈于市，想吃多饱都可以。

大街上的土路经过铺装后，家里不再飘进尘埃。后来又拥有了梦想中的汽车，并学会了开汽车。

在那个家庭里只有收音机的时代，电视是梦想。后来家里竟然出现了电视，再后来电视变成了彩色的，每个家庭都能看上彩色电视了。

还出现了电冰箱，可以贮藏各种东西了，夏天也可以随时吃到凉的食物。还添置了各种各样的衣服和鞋，去泡澡也不用怕鞋被偷了。

那真是每天都能发现新的幸福、每天都令人感动的幸福时光。

现在回想起来，能亲眼见证从那样贫穷的时代发展到现在这般令人目瞪口呆的奢侈时代，能够亲身体验丰富多变的每一天，对我来说就是巨大的财富。因此，我也能够从多种角度来思考社会状况和人际关系。

总之，相较于那个贫穷的时代，现在真是太幸福、太快乐了。我真想向一切的一切真诚地俯首道谢。

我这样一写，可能有人会说："你可以这么说，因为你经历过那个贫穷的时代，可是我们从一生下来就过着物质丰富的生活，让我们感到幸福也难啊。"

其实，何止是二战后，江户时代、战国时代，甚至平安时代，越往前追溯，幸福就越像泉水一样喷涌而出。

比法皇还要幸福

举一个例子吧。我每天都要在自家的浴缸里面泡澡，每当泡在温暖的洗澡水里时，我都会一边轻声感叹"真舒服啊"，一边想"我真幸福啊"。

可能有人会想：泡澡有什么新鲜的？殊不知，能每天浸泡在这样的热水里，可不是一件那么容易的事。

说起这个，是因为我现在正在《文艺春秋》上连载《天上红莲》这部小说，这部小说讲的是平安时代的白河法皇的故事。

这位法皇在当时握有不可一世的权力，被尊崇为"威光照耀四海"的君王。然而，即使是这么强势的法皇，也是四五天才能洗一回热水澡，而且是坐在一个巨大的碗形浴盆里，需要人花费好几个小时，一锅一锅地把热水运来倒进去，当然更不用提淋浴设施了。

这么一比，我就情不自禁地想说："在拧一下就出热水的浴缸里，尽情地浸泡在热水中，真是幸福啊。"

　　总之，仅仅从随时都能浸泡在热水里这一点来看，我就比过去的法皇幸福得多。

　　所以，我想再一次感叹："我真是太幸福了。"

　　一句话，无数幸福就在我们身边，只是看似微不足道罢了。

第三章

了解自律神经

二十四小时血液不停地循环，

使你的生命和健康得以维持，

而在幕后工作的是自律神经。

如果知道了神经和血管的关联，

以及『心情与身体的关系』，

从今天开始，

你就能够过上幸福的生活。

要想抓住幸福，最重要的就是健康。

身体健康没有异常，这是感受幸福并抓住幸福不可或缺的基本条件。

但是，身体再怎么健康，若是性格扭曲灰暗，即使能够感受到幸福，也不能靠近它。

那么，怎样才能身体健康，性格变得积极向上呢？

在此，首先希望大家牢牢记住的是身体，特别是血管和神经的构造。

了解这二者的关系是保持身体健康的第一步，也是抓住幸福的基石。

全身血液流畅

健康是一种什么样的状态呢？

关于这一点，我想每个人都有自己的看法和感受。

我下的定义是这样的："健康就是感觉不到全身每个器官的存在。"

感受到器官的存在——比如，肚子中央有个胃，当你感觉到的时候，胃已经有病了。还有，走路的时候感觉到膝盖的存在，那就是膝盖不好了。

全身都健康的时候，无论是内脏还是器官，我们都感觉不到。

那么，要使内脏和器官一直保持健康状态，该怎么做呢？

首先就是要使"全身血液没有阻碍，流通顺畅"。

全身的血液没有淤积、非常通畅的话，人就不会生病。

反过来，哪里血流阻塞的话，哪里就会发生病变。

不用说，因为血液担负着向全身各个组织输送氧气和营养的任务，如果血液拥堵了，没有流过去的话，前面那部分组织发生病变就在所难免了。

起初，那部分组织通常会变质，出现溃疡，其周边组织会坏死、脱落，从那个部位流出血来。

也就是说，由组织发生溃疡和坏死所引起的出血是很多疾病的必经症状。

这个时候，如果及时采取适当措施的话，有可能治好，但很多情况下，病情并不能得到改善，而是逐渐恶化下去，导致死亡。

那么，怎样才能避免呢？

在这个问题上，重要的是，要从根本上了解血管和神经的关系。

血管周围有神经

解剖人体时首先会注意到，遍布全身的血管周围都依附着神经。

粗血管自然不用说，连很细的血管周围也都紧紧依附着神经。

这些神经到底在干什么呢？

亲眼看到的话，很多人会觉得不可思议。这些神经就好比是血管的监管，根据不同情况，将血管扩张或收缩。

比如，我们突然被告知朋友去世的时候，会发出"啊"的声音，同时脸色会变青。

这是由于面部神经因听到朋友的讣告而惊讶紧张，使血管变窄，暂时抑制了血液的流通。

反过来，当人突然大笑的时候、充满干劲的时候、不好意思的时候，脸就会变红，这是因为在这一瞬间，脸上的毛细血管扩张，导致血流量增加。

就这样，血管遵循依附的神经的指令，时宽时窄。

血管和神经的这种关系在生命的延续中是很重要的。比如暖和的时候，血管扩张，将体内蓄积的热量散发出去。反过来，寒冷的时候，为了防止体内热量流失，血管就会收缩。

还有运动的时候，为了把血液输送到全身，血管就会扩张；什么都不做的时候，就会回到正常状态。

泡澡的时候，随着身体变暖，血管也会扩张。

像这样随着外界的变化，血管时而扩张，时而收缩。不过，更重要的是，伴随着每时每刻的精神状态，也就是心情、感觉的变化，血管也会扩张或者收缩。

比如紧张、不安、害怕的时候，血管就会收缩，脸色会发青。反之，充满自信、无忧无虑、心情放松的时候，血管就会扩张，血流畅通，变回平时的脸色。

就这样，血管随着心情的变化而扩张、收缩。

当然，心事重重、愁眉不展的时候，血管也会收缩，影响血流通畅。

如果一直这样下去的话，人就会得各种各样的疾病。

应激反应学说

在这里，大家务必要了解的是发生胃溃疡的原因。

过去，人们认为胃溃疡是由吃得多、喝得多，也就是暴饮暴食引起的。

但是，蒙特利尔大学一位叫汉斯·谢耶的学者曾经用一百只老鼠做过一个很有意思的实验。

他首先把老鼠关进笼子里，放在一个昏暗的房间里。在寒冷的环境下，不断地用棍子捅那些老鼠，并制造特殊的响声等等，用各种方法一直刺激它们，之后将那些老鼠解剖，检查了内脏。

结果发现，所有的老鼠胃黏膜都出现溃烂，肾上腺也出现了异常。

这就证明，用不着吃脏东西或暴饮暴食，由精神上的不安、焦虑、紧张等造成的应激反应也会引起病变。

于是，他在一篇名为《由各种有害物质引起的综合征》的论文中，将应激反应赋予了医学上的定义。

此后，人们还搞清了肾上腺皮质能够控制应激反应，以及人的脑下垂体受到刺激后会增加肾上腺皮质激素的分泌，以保护生命。而且，这种应激反应如果持续很长时间的话，身体的一些部位就会发生问题。

比如，由于应激反应，胃黏膜上的血管就会变窄导致血流不畅，最终发生溃疡。这就是说，实验证明应激反应也会引起胃溃疡。

综上所述，血管不光是受到环境等外界刺激而变化，也随着心情好坏而扩张收缩。

应激反应有时会变成适度的紧张，成为良好的刺激。但是，刺激过度的话，就会像这些老鼠一样，身体受损害，引起病变。

从基于人类身体构造的医学角度来说，在你的生命中，心情好坏是举足轻重的。

自律神经是什么

如上所述，血管受神经控制或宽或窄，时时变化。其中掌管闭合的叫作"交感神经"，掌管扩张的叫作"副交感神经"，这两种神经合在一起叫作"自律神经"。

所谓"自律"，意为自己约束自己的行为。就是说，人不能随心所欲。不过，在某种程度上，可以用心情来调控。

比如，同样在一个单位工作，有的人虽然工作繁忙，却觉得有意思，很有干头。有的人却觉得没意思，没有干头。人的想法不同，会影响到全身的血管以至内脏的运转。

如果保持积极向上的心情投入工作的话，与之相应，全身的血管也会扩张，不用说大脑，连心脏、肾脏等器官也能得到充分的新鲜血液的供给，全身各个组织的状态就会愈加活跃。

反过来说，如果工作状态很消沉，全身的血管就会收缩，流向各个器官的血液就会供给不足，身体每况愈下，变得体弱多病。

知道了上述情况，你就会明白，无论什么时候都要保持好心情是多么重要了吧。

喝不醉的酒

这些情况，在现实生活中也经常可以体验到。

比如，和可怕的上司或者令人紧张的人一起喝酒的时候，一般不会喝醉。即使对方说"喂，你再多喝点"，并且不停地给你倒酒，你也会因为担心出丑使交感神经（引起应激反应）处于优势，总是喝不醉。然而，和可怕的上司告别回到家，放下心来再喝酒的时候，副交感神经（控制放松）占据上风，马上就醉了。

不过，有些人在家里，在妻子面前喝酒时最紧张，所以也不能一概说在家里就能放松地喝酒。

可能这种人在回家的路上会去经常光顾的车站边上的酒馆

喝酒，结果一下子就喝醉了。

其实，最让人容易喝醉的情况是泡在自家浴缸里喝酒。

将托盘漂浮于浴缸中，放上酒壶和酒盅，没喝几口就会醉。

首先，在浴缸里独处就会有一种解放了的感觉。同时，热水温暖了身体，使血管扩张，再一喝酒，自然加速了酒精的吸收。

过去，前辈曾对我们说过，想早点喝醉的家伙进澡盆喝。我还是学生的时候，酒不够又想喝醉的话，大家就集体跑个百米冲刺之后再喝，于是乎一下子全醉了。

这是因为泡澡后体温升高，运动后胃肠部位的血管扩张，使酒精吸收加速。

欢笑疗法

如上所述，随着血管的扩张或收缩，全身会发生各种各样的变化，但是这些都与人的精神状态、心理感受有着十分紧密的关联。

总是开朗乐观，对什么都充满兴趣、跃跃欲试，以积极心态生活的人，血流就会变通畅，疾病也容易治愈。

事实上，有些医院时不时地请来笑星，给病人们表演相声小品。

这么做的目的是运用"欢笑疗法"让患者开怀大笑。与此同理，医院有时还施行一种"动物疗法"，即让患者接触猫狗等他们喜爱的动物。

像这样笑口常开，与可爱的动物亲密接触，可以使副交感神经处于优势，扩张血管，促进血液循环，使人精力充沛。

实际上，已有数据表明，开怀大笑可以使血压乃至血糖值下降。

开心、大笑也是治疗百病的良药。

特别是随着年龄的增长，很多人变得不爱说话，沉默就成了疾病的源头。

在现实生活中，比起少言寡语的老爷子，聚在一起嘻嘻哈哈聊天的老太太们更长寿，这也是因为她们性格开朗。

原来，无忧无虑的欢笑就能保持身体健康啊，可见幸福离我们有多近啊。

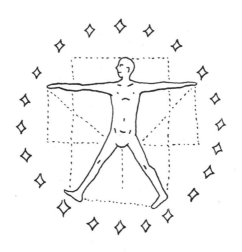

第四章

缺点中的优点

在漫长的人生中，不可能总是一帆风顺。

状态怎么也调整不好的时候，

怎么努力也不顺利的时候，

碰上忍受不了的烦心事的时候，

到底该怎么办呢？

此时，方显出达人和愚人之高下。

通往幸福之路的第一步就是……

在生活中，无论发生什么事都不消沉是很重要的。

好事接二连三的时候，顺风顺水的时候，怎么扬扬自得都可以。

问题是，在不顺心的时候、碰到障碍的时候、面对厌烦之事的时候，光给他"加油"是无济于事的。

因为那个人已经尽了自己的努力，再怎么让他振作，也不过是在"痛苦"上施加精神压力而已，所以这种状态维持不了多久。越是忍耐力强的人越容易搞坏身体。

那么，到底应该怎么做呢？

在这种时候，自己的主见、看问题的角度就变得尤为重要。

其实这并不难，首先要从事物的价值和作用两方面来看问题。什么事情都有优点和缺点，要冷静下来，尝试着从这两方面进行思考。

善恶实为一体

我在幼年时经历了战争，成人后又遭遇过战后的混乱时期、经济高速发展阶段、泡沫经济时代及泡沫破灭时期等多种情况。

过去的日本也曾经有过经济落后、食物短缺的饿肚子时期，但那时候，整个社会都对明天充满希望，拥有令人惊讶的精气神儿。家人就不用说了，人与人之间的关系也很密切，一事当前，总会想到"将心比心"，而不是"只要自己合适就行"。

现代社会物质极大丰富，做什么都很方便了。

可是同时，感到自己被社会疏远的人也日益增多，故意伤人的悲惨事件屡有发生。

"还是过去好！"带着怀旧的情感这么说未免过于伤感，但我也不想一味地赞美"现代文明太棒了"。

眼下的问题是，现在三四十岁的日本人几乎是伴随着日本经济的发展成长起来的，没怎么体验过日本的贫困时代。也就是说，他们只知道好的时代，所以尽管生活在这么富足的时代，还是会一味地认为这是不幸的时代。

由于缺少可以比较、参照的东西，只从当下这个时代考虑问题，所以思考范围狭窄，不满情绪增加。

因此，应该把眼睛再睁大些，想一想各个时代的情况。

无论是过去的贫困时代还是现在的富裕时代，都有好处和坏处。任何时代，优点和缺点都是同时存在的。

但是，很多人看别人时，总是不自觉地只注意对其有利的一面，看自己时只注意到对自己不利的一面，并受制于这一羁绊。

结婚的好处和坏处

下面以结婚为例，分析一下吧。

不言而喻，无论是已婚女性还是未婚女性，对于现状都有自己的看法。

比如，结了婚，有了孩子的女性，既要忙于带孩子、做家务，又要为节省生活费精打细算。再加上与新婚时相比，因丈夫态度骤变等等而引发的各种各样的不满，所以有很多人会觉得"还是单身好啊"。

另一方面，未婚的人觉得一个人太寂寞，希望有谁能给自己温柔的呵护，但是又找不到合适的男人。这样下去的话，可能一辈子都不会结婚——不对，是结不了婚。一直这样下去真的可以吗？于是，她们可能就会想：唉，真想早点结婚啊。

听了这两方的意见，觉得双方似乎都有道理，但是，稍微拓宽一下思路就会注意到，她们说的都是对自己不利的一面。

结了婚的人，身边会有一个令她安心的伴侣，每天一起吃饭，轻松谈笑。等到生了孩子后，会收到亲朋好友的祝福，组成一个新的家庭。这些快乐是什么都替代不了的。

而独身的人呢，可以根据自己的意愿自由支配自己所有的时间和金钱。回到自己家里，可以横躺在沙发上，不用在意任何人。还可以一个人放松地喝着小酒，随意看自己喜欢的电影。泡澡的时候，可以想泡多久就泡多久，之后还可以不用顾虑任何人，酣畅淋漓地享用属于自己的业余时间。不用说，谈恋爱的话也不会有任何负罪感，可以随心所欲，尽情地陶醉其中。

无论结了婚还是没有结婚，都有其有利之处，但是人们总是忽略这一点。

过去，结婚生子组建家庭，被认为是很平凡的事。结婚是"很正常"的，独身则被看作是"异常"的。甚至有过一个时期，没有结婚的男人被认为没有信用，没有孩子的夫妇会遭白眼。

其实，结了婚和没结婚并不存在对与错的问题。有人觉得生了孩子真好，也有人觉得没孩子很轻松。

随着家庭形态日趋多样化，婚姻形态也在发生着变化，离婚率在急速上升。

有人把离过婚的人叫作"一个叉"。我认识的人里也有不少是经历过离婚的，但是他们积累了宝贵的经验，所以我一直叫他们"一个圈"。离过两次婚的人就叫他们"两个圈"，以表示两个同心圆的意思。

对人的思念和爱情会经常转移，并不总是停留在一处。

年轻时邂逅的两个人一直相爱到死，假使真的有这样一对男女，那他们俩一般是奇迹般的性格合拍，或者两人都是安于现状的人。

在悠长的岁月中，夫妻之间会出现无数次想法偏差、意见相左的时候，不少人因此而分道扬镳。

正因为如此，在教堂举行婚礼的时候，夫妇才要互相发誓"永远相爱"。

但是，人们不会强迫一个爱吃拉面的人："你到死都要吃你最爱的拉面。"因为喜欢就是喜欢，你不管他，他也肯定会去吃的。

而让他对神发誓"永远爱这个人"，正说明持久不变的爱非常难得。因为这是和人的本性背道而驰的难题，只不过受到社会道德的约束而已，所以不可能所有的人都能遵守。

说得明白一点，结婚就是用丧失激情换来一个身心安稳的场所。从某种意义上来说，这是好处，同时也是坏处。

对于这二者接受和理解的方式不同，幸福感也会随之改变。

不从表面现象来判断

没有考上报考的 Z 大学的 A 君情绪非常低落，哀叹"好不容易以 Z 大学为目标努力学习到现在，却没有回报"。

Z 大学是所有人都羡慕的名校，对于 A 来说也是理想的大学。后来，他进了不是志愿学校的外地的 Y 大学，开始了有生以来的第一次单身生活。

刚开始时，他非常失落，没办法才去了外地。但是，开始独自生活以后，他发现做饭很有意思，不久又结交了新的朋友和女友，现在朝气蓬勃地享受着大学生活。

没有考上第一志愿 Z 大学可能是件很遗憾的事情，可是他因此得到了去别的大学学习的机会。对于大学来说，不进去学习不知道好坏。即使是世人都夸赞的大学，也是"对自己来说怎么样"最重要。而且，现在无论从哪个大学毕业，都属于"大学毕业"。

落榜对当事人来说确实是个悲剧，但是上榜或是落榜，其实没什么大不了的。

最好不要因为是考生，家人都小心翼翼地对待他。如果连周围的人都变得紧张兮兮的话，那么，原本只有当事人把高考当作天下头等大事来看，现在就演变成周围的人都予以默认了。

如果考上了，当然很好。如果没考上，那就没考上，也没有什么，说不定还有好事等着你呢。以这种平常心对待就可以了。

比方说，公司里的同事高升了。你很羡慕这位比自己先受到公司赏识的同事——不，可能会感到嫉妒、窝火。不过，你必须注意到高升的坏处和没有高升的好处。

一旦升职，工作量增加，动不动就有可能为其他人的疏漏背黑锅。

另一方面，如果没有高升，以日本的组织结构来说，工资几乎没有变化。虽然分配给你的工作很少，但是换一个思路来考虑如何？你可以利用空闲时间找找自己的乐趣，或者拓展新的工作领域，创出自己独特的工作业绩。

此外，某人高就于一个超过其能力范围的职位之际，也是在同一部门里工作的很多人陷入不幸之时。有的人当部长的时候还挺有两把刷子，可是一当上董事，马上就变得不顶用了。尽管他绞尽脑汁顺利履行了部长一职，但作为董事的能力就另当别论了，说到底不是那块料。如果因为升官而暴露了这一弱点的话，高升就不能说是好事了吧。

再比如，一听说谁有很多钱，大部分的人都会非常羡慕。殊不知有钱人也有有钱人的苦处。比如，担心被贼盯上、遭到别人的嫉妒、被要求捐钱、担忧失去钱财等。事实上，的确有富翁被强盗袭击，把命都送掉了的案例。

这么一比，穷人就轻松了。没有钱的话，自然不会被别人窥伺，即使钱包丢了也没有多大损失。

本来钱财就是虚拟的东西，只有使用了才有意义。所以，攒过多的钱也没有太大必要，足够生活下去就行了。

我绝不是狡辩或嘴硬，也不是忽视世人所认为的好的一面。但是，凡事都有表里两面、阴阳两极。

有的妻子对丈夫无微不至，有的放任自流。前者不一定就好。对丈夫照顾周到的妻子，会让丈夫失去独立生活能力。如果妻子早于丈夫去世的话，丈夫通常也会很快追随妻子而去。另一方面，如果妻子是那种人们眼中的恶妻，丈夫就必须要自立，因而练就了独自生存的能力。

某些意义上的好事，换一个角度看也是坏事。

一般把好天气叫作晴天。如果明天开运动会的话，晴天挺不错的，但是对于遭遇连续晴天、期盼下雨的农民来说，下雨才是好天气。

也就是说，好天气也分时间和场合。

我们都应具备不片面断言、从各个方面综合思考的能力。

让负担变成动力

我的书房位于我家的二楼，而我家的玄关高出外面的地面一层楼，所以要到书房，实际上要爬三层楼。

疲惫不堪地回到家时，抬眼望着自己的房间，我曾经后悔过："唉，真是失策，不该把书房安在那儿。"

但是，我注意到，如果好好利用到书房要爬的这些台阶的话，就不用特意出去运动，这样也能锻炼腰腿。反正不上台阶就回不了房间，所以不用担心只有三天热乎劲。这么一想，本来觉得很费劲的台阶就起到了健身的作用，成了值得感谢的东西。

一样的道理，得了病也不一定都是坏事。

随着年龄增长，不管是谁，只要认真找一下，都患有一两种病。正因为得了病，在日常生活中才更注意保养身体吧。

留意自己身体虚弱的地方，并加以养护，反而可以保持健康——这正是"一病息灾，多病息灾"的道理。

比起那些不知生病为何物、对自己的体力和健康状况过于自信、经常超负荷做事的人来，和疾病常年相伴的人反而能够健康长寿。

而且，对于"令人讨厌的人"，假如换个思维方式去看的话，也会改变看法。

如果别人做了令自己不开心的事或者被人作弄，一般人都会生气或与对方吵架、发生冲突吧。不能面对面发泄的时候，就会怀恨在心，背地里说那个人的坏话。

不如试着不和那种人正面发生冲突，退一步想想看。

试想一下："那个人为什么要这样做呢？"于是，你会推想，说不定他是这么想的吧。这样一来，尽管不能够完全理解对方为何不快，但多少也会化解一些自己的怒气。

实际上，我活到现在，被人毁誉褒贬过很多次。

我的作品也曾被贬低过。有的评论说，明摆着没有一点儿准星，只是卖得好而已，其实没什么意思。

读这种评论的时候，我猜想，在让我感觉不愉快之前，写这篇评论的人可能比我还要痛苦吧。

正因为满怀痛苦和嫉妒，他才会写这种东西。

这么一想，我就想要感谢那个人，并希望自己一直能够被这种人嫉妒。

实际上，将嫉妒的人和被嫉妒的人做比较的话，很明显，嫉妒别人的人更痛苦。

我在医疗部工作的时候，曾经有一个心眼不好、很讨人嫌的前辈，对我也是经常欺负。他自己好像也注意到了周围的人都厌烦他，渐渐疏远他。

于是，我就想：这个人为什么心眼这么坏呢？这种令人讨厌的性格是怎么形成的呢？

为了揭开谜底，我就开始观察这个前辈说话、做事，也向他提了很多问题。

这样一来，和这位前辈说话的机会多了，对方也对我有了好感。不知何时，我们成了很好的朋友。

可能是因为我将大家都讨厌的前辈变成了观察对象，不是和他面对面站在同一个比赛场里，而是从侧面去接近他，结果反而缓和了他的情绪吧。

不怨恨别人是因为自己很可爱

无论是谁，只要能想着"大家都在努力地活着"，怨恨别人的心情就会淡薄下来。

如果嫉妒过甚，对别人总是抱着怨恨的态度的话，就会变得偏执。心中只有"怨恨"在膨胀，有时会转变成"杀意"，甚至可能会幸灾乐祸，期望别人遭遇不幸。

这种期盼对手不幸的阴暗心理会引起应激反应，对自己的心情和身体也必定会造成不好的影响。

俗话说"害人害己"，不怨恨别人，并不仅仅是因为那是正确的，也是因为怨恨别人对自己是有害的。

如果这样还是不能压制住你的嫉妒、怨恨的话，不如改为羡慕、憧憬的好。

因为带着妒意地说"他那种人……"是一种想诋毁对方的消极心态。而满怀憧憬地说"瞧着吧！总有一天我也要这样"，才是自己也希望进步的积极心态。

无论何事，只要找到好的一面，自然会萌生感谢之心。即使是些琐碎的事，如果你常把"谢谢""托您的福""太好了"这些话挂在嘴边，不知不觉间，你就会变成一个懂得感恩的人，别人对你的好感也会增加。

再说一遍，无论什么事情都有好的一面和不好的一面。

如果只盯着不好的一面，就会生出愤恨不满，变成悲观消极的心态。

只要转换一下视角，你所谓的坏事里其实也有好事。你一旦发现了事情好的这一面，就将其放大，并对自己说：

"在你周围不是有这么多好事吗？"

"太好了！我可不能放过这些好事啊。"

这样一想，幸福就立刻开心地、奋勇地朝你奔来。

原来，只要改变看法，人就会变得这么幸福。

不幸会接近喜欢不幸的人，幸福会飞向喜欢幸福的人。希望大家不要忘记这一点。

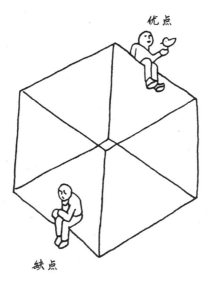

第五章

摆脱思维定式

不知不觉间，感知幸福的能力被屏蔽了。

这样的事简直数不胜数。

实在是可惜至极。

其实阻碍你幸福的魔鬼，

就在你的心中。

马上把心锁打开吧。

这并不难，只要你想做。

在我们的日常生活中，充满了"必须那样做"和"一定要如此"之类的教诲，或者说是思维定式。

而且，这些思维定式随着人们的成长被深深植入心中，限制和束缚着我们的思想和行动。

其中确实不乏对我们的社会生活有用且有意义的定式，但是过于拘泥于它们，思维就会停滞不前，感觉举步维艰。

在此，让我们尝试一下抛弃这些思维定式，踏进新世界去看一看吧。

挣脱一直束缚自己的思想和考量，去拥抱自由吧。

于是，你就会发现新的"幸福"。

不能撒谎吗？

"必须考上好学校。"

"必须进一流公司，步步高升。"

"男大当婚，女大当嫁。"

"只有成家立业，养活得起妻儿，才算自立。"

"无论何时何地都要像个男子汉。"

"必须永远像个淑女般温柔体贴。"

"客套话和恭维话一律不说。"

…………

其实自己并不想那样做，可是无意中被"必须那样""一定要"所累，并朝着那个目标努力。其结果，虽然并没有人要求自己这样做，但若没做到就十分沮丧，产生挫败感，并自怨自艾、愁肠满腹。

坦率地说，这完全是毫无意义的傻瓜之举。然而，这些不成文的规矩有时候比明文规定的法律还要严格地束缚、限制着人们的思想和行动。

拜这些条条框框所赐，很多人自己把自己给限制住了，苦恼不堪，以至感觉窒息。

比如，"日本文化在于知廉耻"，这句话听起来很有道理。但是，若因害怕失败、丢人现眼而不敢接受新的挑战，就太得不偿失了。

"被人拒绝太难为情""不想被人拒绝""从不求人""不要和人走得太近"等等，这样想的话，无论工作还是恋爱，都无从谈起。

被人拒绝也没关系。因为拒绝了你，对方可能会把你挂在心上，难以忘怀，也可能会因此与你亲近起来。这样的事例也不少。

自古就有"沉默是金，雄辩是银"之说，但是如果不努力把自己的想法用语言表达出来的话，人与人之间的交流就很难实现，人际关系就会淡薄下来。

过去，有这样一句广告词："札幌啤酒，男人沉默。"可是现在，沉默的话就喝不到啤酒。

不对，这句话的意思是"应该沉默地喝啤酒"，但我还是觉得，喝酒的时候，愉快开心地喝比较好。

家长一般都教导孩子"不许撒谎"。孩子很纯真，对家长说的话从不怀疑，很听话地努力去做。结果这个教诲就会埋在孩子心底，成为固定观念。

其实，撒谎这种行为属于大脑的一种高级活动。事实表明，虽然有的生物会模仿，但是撒谎是只有人类才具有的能力。

谎言并非都是恶意欺人的。充满恶意的谎言固然不好，但是也有使人际关系顺滑的谎言、善意的谎言以及拯救心灵的谎言。

"你很美丽！""你一定行！""你非常棒哦。""还想再见到你。"听了这些赞美，我们得到了怎样的救赎，迸发出了怎样的勇气啊。这样的例子真是不胜枚举。

不用说，在这些赞美中，也包含着一些善意的谎言和客套话。

真心话"想做什么"和原则话"必须做什么"

一般来说，男性往往比女性更容易受到"思维定式"的影响，他们的内心被隐形的枷锁重重束缚着。

和女性相比，男性属于社会性的动物，所以比起"自己想做什么"来，他们更偏向于优先做那些自认为"必须做的事"，或考虑到自己的身份，觉得责无旁贷的事。

在这一点上，女性不像男性那样爱耍酷、爱逞强。比起男人来，她们是积极意义上的以自我为中心，一事当前，优先考虑自己是否合适。

再放眼日本全国，比起关西地区①来，东京那边的"必须那么做"之类的原则论就比较严重，有着拘泥于面子和形式的倾

---

① 日本关西地区：包括大阪府、京都府、兵库县、奈良县、和歌山县、滋贺县、三重县。

向。原因或许在于，大阪自古以来就是町人①建造的商业都市，相比之下，东京是由武士文化造就的注重形式的都市。

事实上，做买卖太教条是挣不到钱的。谁都想赚钱，但光赚不赔很难，也没有必要。先赔后赚，出四进六就赚二——这是商人们共通的小九九。

"汇款诈骗案"的受害者，大阪就比东京少得多，这也证明了大阪人的精明。

相对于鹤立鸡群的商业城市大阪，江户幕府②常年占据的东京被誉为政治都市。所谓政府机关，最最首要的就是照"先例"办事，其基点是"扣分制度"，就是说绝不允许出一点偏差。

不要冒尖、不能失败、要识时务——全都是"必须"，从没有考虑过自己想怎么样，这种官僚秉性逐渐蔓延开来。

从中世纪到近代，再到二战前，日本基本上都是男权社会。镰仓、室町、江户时代的幕府都是武士掌权的政府，也就是军事政权，以"男尊女卑"思想为基础的严格的纵向社会在这里已扎下了根。

在东京，"武士未进食，亦用牙签剔牙"成为男性之美。

压抑自己的欲望，一味追求外表和体面，爱与性是隐秘苟

---

① 町人：江户时代，日本商人和小手工业者的总称。
② 江户幕府：又称"德川幕府"，日本第三个封建军事政权。1603年，德川家康受任征夷大将军，在江户建立幕府。1867年，第十五代将军德川庆喜被迫还政于天皇。次年，该幕府连同幕府制度终结。

且之事，这种观念一直大行其道。

用理性控制自己的感情受到人们的推崇。如果看见向女性献殷勤以博得女人欢心的男人，有人就会嘲笑他是个只会追在女人屁股后面跑的"软骨头"，不配称为男人。其实，嘲笑他的人却在内心里羡慕他追求女性很有一套。

这种男人嘴上说着禁欲是好事，可那种欲望和愿望越压抑就越发增强，结果就去隐蔽的花街柳巷悄悄解决问题，真是可怜可叹。而且，这种两面习性绵延至今。

不过，近四五十年来，此类旧时代的男性美学正在逐渐崩溃。

二战后，女权主义抬头，随着女性步入社会，经济独立的女性也快速增加，与之相伴而来的是朝着女性社会的转向。

过去，评价男性的时候都是以男性的价值观作为标准的。

高学历、高职位、高收入、在大公司工作、东大法学系毕业后在财务省就职等等，用这些有形的、一目了然的标尺衡量一个人是过去的时尚。

可是，现在仅仅靠着男权社会的残余——一元性的评价已经越来越行不通了，因为女性文化已经成为不能无视的存在了。

"你到底打算怎么样？""你想什么呢？""你喜欢我吗？""喜欢就明白地说出来！"——不允许有灰色地带的女性话语势头正劲，尊崇沉默和暧昧的男性话语如今正在迅速失去价值。

以前，女性对于男性的评价里面也含有以"男权社会"为前提的因素。过去的"三高"——高学历、高收入、高个子——就是这样的例子。

但是现在，女性在经济上也开始独立了，可以去挑选男性了，因此她们的择偶标准发生了很大变化。比起被社会广泛认同的成功人士来，对自己温柔体贴、心地善良、使自己开心的男人分数要高得多。

目标是不服老的人

女性的视角与男性的有很大不同，总的来说具有柔软性和革新性。我想原因在于，女性这一存在本身与其身体构成有着极其紧密的关联。

事实上，女性的身体在一生中要进行好几次"革命"。首先，在十几岁时迎来初潮，经历第一次革命。以后还要经受妊娠、生育这些男性绝对体验不了的巨浪的洗礼。还有，每月造访的月经使她们的身体状况很不稳定，一生要无数次穿梭于暴风雨和大晴天之间，直到最后迎来闭经，革命才宣告完成。

这些周期变化万千，既有风和日丽的好天气，也有狂风暴雨、惊涛骇浪的时候。正是由于这一次次革命不断从根本上改变着女人的身体，才使得她们的思维方式变得更为激进、更富于革命性。

与女性相比，男性从出生到死亡，体内如同刮着匀速的海风，只是偶尔有强弱之差，并没有戏剧性的变化。从未经历过台风或地震的四平八稳的生理状况导致男人思想的僵化。

从"没有偏颇"的角度，可以把男性生理上的平稳性看作是长处，但同时也与讨厌变化这种短处相关联。

因此，在男性主导的社会里，人们往往容易养成事事遵从惯例的习性。万事执着于地位和经历，自然就会变得越来越官僚。

现代社会的组织和规范都是男性为了他们的利益而制定的，所以男性对于亲手去破坏它们存着相当的抗拒心理。但对于女性来说，这些既不是自己制定的，又不合自己心意，所以破坏起来没有任何犹豫或留恋。而且，对于将要到访的新时代的各种巨变，女性也能够柔软地去适应。

将男性束缚住的许多观念植根于武士社会奉行的"男人的理想和逻辑"。然而，时代已经日新月异了。

男性就是如此受旧观念浸淫，纵然想要挣脱，恐怕也是劳而无功的。

要想不被陈旧的观念束缚，将心态转换得积极进取，就不能将似是而非或装腔作势的东西照单全收。犹如标题般的"清正廉洁的伦理观"之类，倘若是在两百多年稳定不变的江户时代还另当别论，如今已是瞬息万变的时代，如此下去，只会让人失去自由翱翔的天空。

包括"与年龄相称"这种想法，在当下也是过时的观念。

成了老人或长辈后，要穿着朴素、远离恋爱，每天只是修整庭院、含饴弄孙，静静地走向死亡……没有比这样等死更浪费生命的了。

上了年纪就该枯萎——这是旧时代的歪理，老年人自己并不一定是这么想的。

我年轻的时候，曾认为四五十岁的大叔们思考的问题一定特别深奥。

可是自己到了这个年龄，发现自己一点儿也不深奥。而现在，四五十岁的人可能认为七十多岁的男人、女人已经干枯了，其实他们根本没有干枯。看起来好像干枯了，但也只是身体行动迟缓而已，心灵完全没有干枯。

正因如此，等你到了熟年 ① 成为"白金一代"，请务必做个"不服老的人"。

因为到了这个年纪已无须再忍耐什么了，不论对别人还是对自己，一定要勇于面对。并且，要首先肯定自己。这样一来，开朗向上的生存能力就会源源不断地喷涌而来。

———————————

① 熟年：该词来自日本，泛指年龄介于四十五岁至六十四岁之间的人。他们拥有自主消费的能力，勇于追求新鲜时尚，但又面临工作、退休、身体健康、家庭婚姻、性生活等问题或危机，因而是颇受社会瞩目的群体。

睡不着也没关系

现代社会，有不少人被失眠困扰。每天晚上都苦于"怎么也睡不着""早就醒了"，真是件让人头痛的事。

其实，从身体本身来看，"失眠"并不是什么了不得的问题。"夜晚必须睡觉""睡不着是不行的"等等，也不过是一种概念而已。

"胡说什么呢！"可能有人会这么想，其实对人来说，需要的是身体的休息，人的意识是否清楚并不是那么重要。

不眠不休站着工作二十四小时的话，身体肯定受不了。但是，如果在昏暗安静的房间平躺一段时间，就足够消除疲劳，恢复精神了。

这是因为无论身体的主人有没有意识，身体都在遵从自律神经的指令活动着。因失眠而烦恼的人说"早上醒来还是不解乏"，主要是因为由过度在意失眠而导致的精神疲劳。

有一次，十几位编辑来我的别墅玩，晚上就住下了，男编辑们都在一楼，在一起睡。

第二天，其中的一位 M 编辑说："昨天晚上，我一点儿都没睡着。"

其他编辑听见了，马上异口同声地反驳道："你说什么呢？就因为你打呼噜声音太大，大家都被吵得睡不了。"

女编辑们也笑道："我们在二楼都听见了。"

可是，M君还是不认账，硬说："不可能，我根本没睡着！"

我睡得特别死，没有听到他打鼾。因为人在睡着的时候是没有意识的，难怪M君并没有意识到自己睡着了。这件事我觉得很有趣。

其实即使睡不着，也不用那么担心。只要在温暖的被窝中平躺着，身体就能得到充分的休息。如果实在睡不着的话，偶尔用用脑、想想问题也可以。用不着一味地想着"必须睡"，着急焦虑。

很多年前，我离开大学附属医院，为了当作家来到东京。后来，我有幸加入了由已去世的有马赖义先生为新晋作家主办的"石之会"。这位有马先生是为赛马设立有马纪念奖而出名的有马赖宁伯爵的公子，与川端康成私交甚笃，也是直木奖的获奖作家。

当时，有马先生被失眠困扰，常吃一种叫Brovalin的安眠药，而川端先生也同样服用安眠药。

那时，我虽然已进入芥川奖的候补名单，但是作为作家还是收入微薄，所以在东京近郊的医院当见习医生，有马先生常让我开Brovalin给他。

可是，我不能总是这样开药给他，但又抵不过他跟我要，于是，就想了一个妙招，拿出一种和Brovalin颜色差不多的肠胃药给他，对他说："先生，这个是还没有上市的治失眠的新药，您服用一下试试。"

过了一周之后，又见到了有马先生。

我问他："那个药怎么样？"

"哎呀，渡边君，那个药效果真是好啊。下次一定再给我开点儿！"有马先生一个劲儿地感谢我。

这即是所谓的"Placebo 效应"。

"Placebo"是"安慰剂"的意思，而"Placebo 效应"的意思是，由于坚信这是真的药，所以服用后产生某种药效。有马先生以为得到了一般人买不到的新药，今晚应该能睡个好觉了。由于这么想，服用了肠胃药的有马先生也睡得很好。

由此可见，"深信不疑"对身体产生的影响是令人惊奇的。若是被观念困扰，净钻那些无聊的牛角尖的话，何止是一晚上，一辈子都会消耗殆尽。反之，如果坚定地怀抱着希望和祈愿的话，它们就会变成你生存下去的强劲动力和战友。

不要钻牛角尖

"不要钻牛角尖。""不要太认真。""拼命努力很危险。"听到这些话，绝大多数人都会觉得很可笑吧。

但是，如果太执拗于一件事情，就会和深信不疑一样，导致心灵失去平和。说到底，这也是一个观念的陷阱。

俗话说"追二兔者，不得一兔"，世间常识认为这是用来夸赞"一心一意"的，可我从来不这么认为。

我的理解是，"一只兔子都得不到，是因为只追了两只兔子。想得到一只兔子，最少要追四五只兔子才行"。

凡事都不会那么顺利的，即便是活跃在美国棒球大联盟的一郎①选手，击球率也不到四成。追二兔得一兔的话，击球率是五成。假设追一兔就能得一兔的话，击球率就是百分百了。如果一流选手的击球率达到三成就算不错的话，我们最少也要追五兔或六兔，不然的话，肯定一只兔也得不到。

一心一意对待喜欢的人，貌似很不错，但是走错一步，变成跟踪狂的可能性也很大。

不管干什么，一门心思地干一件事的话，就容易心情焦躁。电梯来得慢着急，电视节目无聊着急，乘坐出租车遭遇堵车着急，这样只会影响血液循环。

解除这些小焦虑的妙招是，不要把时间都耗在一件事情上。电梯老是不来的时候，我就偷偷做两下体操放松关节。这样一来，就不会说"还不来啊"，而是说"呀，已经来了"，因为我还想再做一会儿运动呢。

---

① 一郎：铃木一郎，1973 年出生，日本爱知县人，曾效力于西雅图水手队，投球能力超群，且击球能力超强。

不管电视多么无聊，一边做操一边看的话，就不会那么生气了吧。

总之，无论做什么事，"脚踩两只船"是最合适不过的了。

"没有固执心"的人

我这么卖力，对方却不理我的茬儿，这也会成为不满的原因。

"我这么努力地为你做这做那的，可是你呢？"——这种过剩的自我意识，折磨了你自己。

这也是"对方应该更加感谢我才对"，即"应该综合征"的一种。

"为了别人好"而去做的事，不一定会得到对方的感谢。即使对方很感谢你，那份心情也未必能顺利传达给你。可以说，越是较真，就越容易对他人和世事生出怨气。

越是有着伟大观念的认真的人，越是让周围的人感到疲倦。

"固执心"这个词，不知何时开始用于肯定的意思了，原本是"拘泥"的意思，有时也会让人感觉疲劳。

为了一直保持精神抖擞，对任何事都不要太执着，最重要的是拥有几件自己喜欢做的事。

我建议你，分别挑选一件用体力的事情和一件用脑力的事情，把它们放到自己喜欢的事情里。

对我来说，用体力的是打高尔夫和夜游银座，用脑力的是下围棋和作俳句（还有写文章）吧。

干什么都可以，只要直面自己的心情，真正做自己想做的事。如果能长久地坚持下去，那就更好了。

你真的喜欢这件事吗？"这怎么能不知道呢？"可能有人会这么想。

但是，要是有观念来捣乱，或被流行和信息左右，就会找不到自己真正喜欢的东西，和它擦肩而过。所以说，能明白自己想要什么其实挺难的。

比如说吃饭吧，好不好吃应该由自己的舌头来判断。无论广告如何宣传，他人如何褒奖，美食书里如何评价，都没有关系。

因为有名、价格高，所以应该很好吃，这也是一种不好的观念。用自己的舌头品尝后，觉得好吃才可以。

所谓有眼光，并不是说懂得很多，而是有自己独特的视角。

只对自己了解的事情点头，就是一种个性。应该珍惜自己的感性所追求的东西、感觉上对路的事情。勉强拔高自己，人才会觉得累。

年轻时容易不懂装懂，爱慕虚荣。那时候，不懂的事情实在太多了，没有办法。

但是，人过了四十岁就不必再逞强了。老是这样紧绷着身体，只会让交感神经（应激反应）占据优势，身心俱疲。

从成长到成熟

对于小孩来说，所谓成长，不言而喻，就是长大的意思。

但是，对于人类来说，成长不只是身体变得高大。即使长大成人，只要不放弃体验新的事物、爱上某人、热衷追求某事的心态，成长就永远不会停止——这叫作"成熟"。

比如读了畅销书，觉得"没什么意思""一点没看懂"的话，不要深藏胸中，把自己的实际感受直截了当地说出来吧。"大学教授和了不起的评论家都夸赞了，所以是一本好书。""没看懂很丢脸。"——这些担心都是多余的。

自己珍视什么，这就是一个人的价值观。决定价值标准的不是舆论或评论家，完全没有必要去达到国际标准什么的。

重要的是个人标准。倾听自己内心的感受，自然就明白自己喜欢什么了。知道了自己的价值观后，就不会被成见束缚，无论发生什么事，都能以平常心对待。

从这里起步，才有可能把巨大的幸福拉到你身边来。

能力

第六章

随机应变是才能

在这个『过去』已经行不通的『今后』时代，

为了幸福地生存下去，

所需要的到底是什么呢？

答案意想不到地简单。

生命的历史也证实了，

那就是顺时而变的能力。

自然环境发生巨大变化的时候，为了生存下去所需要的能力是什么呢？什么样的生物才能够活得长久呢？

英国生物学家查尔斯·达尔文在1831年乘坐贝格尔号军舰开始了环球航行。返回英国后，他以这个时期的研究为基础，写就了《物种起源》。

达尔文曾说过，能够在这个世界上存活下来的生物，不一定都是强有力的，也不一定都是聪明的。只有能够适应不断变化的环境的生物，才能存活下来。

对于我们这些生活在社会状况发生大变革的现代社会的人来说，达尔文的这番话也值得侧耳倾听。

就是说，要顺时应"变"。这番话告诉我们，只有创造出自我的人、社会和国家，才能够生存下去。

为此，首先需要具备的是头脑和心灵的柔软。

使用身体

一般来说，随着年龄增长，人会变得顽固起来。

其原因之一就是，人成年以后，长期压抑自己的好恶，优先扮演"社会角色"，并根据自己所处的"立场"做出判断。结果，不知不觉间失掉了本来拥有的柔软心灵。

其实，老年人的乖僻，与其说是性格，莫如说是体质使然。无论对什么事情，老年人的身体和头脑都不像年轻时那样适应，而且对别人做的事总想唠叨两句。

失去耐性、变得易怒，也是体力衰退、忍耐力逐渐减弱导致的。所以，老年人的乖僻是因为其包容范围变窄了，而非个性变强了。

正如身体柔软的婴儿一样，柔软是人类与生俱来的特性。无论是谁，都拥有柔软的肉体，至少曾经拥有过。

但是，好不容易拥有的能力也会随着年龄增长或平时不使用而逐渐减弱。

腿骨折了打上石膏的话，经过一个月后，那个部位的肌肉由于不使用，会变得又细又无力。用医学术语来说，叫作"失用性萎缩"。而且，这种现象在健康状态下也会出现。

事实上，很多人随着年龄增长，身体逐渐失去柔软性，这不只是因为上了岁数，还有逐渐减少使用身体各个部位的缘故。

实际上，每天不间断地做柔软体操，持续活动身体的芭蕾舞演员，无论到了多少岁，都能够保持柔软而又强韧的身体。

活跃于美国棒球大联盟的一郎选手即使在右外野防守时也不歇着，不停地活动身体，做柔软体操。正因为无意识地养成了这种习惯，他才能够长时间位居超一流选手之列。

反之，无论拥有多么优秀的身体和体能，即使是严格挑选出来的宇航员，在宇宙空间里只待上一周，肌肉也会萎缩到令人惊讶的地步。

宇宙空间是一种无重力状态。我们在地球上感觉不到重力，然而一旦离开地球，仅仅失去了这个负荷，身体的"失用性萎缩"就急剧加快了。

感动能力也会衰退

正如身体变硬后，运动能力相应减弱一样，心灵变硬了，感动能力也会下降。

渐渐地就会感应不到灵光一闪般迸发出来的新点子，久而久之就不能适应变化，以至连生存下去都变得困难了。

如果只是身体的衰弱，还可以依靠各种各样的辅助器械勉强应对。可是，感动能力完全发自人的内心，没有可以辅助的工具。

如果心灵变硬而失去柔软性，在某种意义上讲，问题比身体变硬要严重得多。

那么，如何保持心灵的柔软性，使之不衰老呢？

为此，首先要有意识地去做的是，为一些芝麻大的小事而感动。

看到路边盛开的花，便发出感叹："啊，多漂亮的花啊。"

斟了茶看到茶叶竖起来，便期待起来："今天可能有好运。"

乘坐出租车没有遇到红灯，便拍拍膝盖说："嘿，真是幸运！"

"真漂亮！""啊，太好了！""真幸运啊！"哪怕是自言自语也行，只要说出来，效果就大不一样。

"我怎么可能被这么无聊的事感动啊？"千万不能这么想。就像经常活动身体、增加负荷能够减缓衰老一样，心灵也要多加感动，不然很快就会硬化、生锈的。

"男人就应该沉默寡言，不该为小事所动。"这也是不能适应变化的武士社会传承下来的愚蠢教条。要扔掉这种拘束，将心里所想的尽量说出来。

只要有一点点觉得不错，就用语言表达出来，即使是口头也可以，不必深思熟虑之后再说。虽然只是一些微不足道的小事，却恰恰是预防心灵"失用性萎缩"的特效药。

知识在捣乱

头脑被知识塞满也会成为头脑硬化的原因。

硬着头皮说"这个我懂"，往往会导致"这事，我根本做不来"的负面想法。

对事物一知半解的话，注意力就会全部放在具体的方法论和如何应对上，新点子就越来越浮现不出来。换句话说，所谓独创性，反而产生于单纯无知。

点子，不一定都是学富五车、才高八斗的专家想出来的，门外汉或者不被条条框框束缚的局外人说不定更具创造力，有更多的新颖构想。

明治维新这样的丰功伟业，说起来也是由不被条条框框束缚的、远离主流的男人们创下的——正因为他们不属于主流，所以才会成功。

实际上，饱受幕藩体制熏陶，精通当时的学问、知识、礼法的谱代大名 ① 和江户的旗本与御家人 ② 等，尽管打着什么"尊皇""攘夷"等旗号，却未能成为将维新这样的大变革进行到底

---

① 谱代大名：德川家康在关原之战后，根据群雄对自己的忠诚度，把全日本的大名分成三类，即亲藩大名、谱代大名、外样大名。大多数谱代大名位居幕府要职，在社会上有一定的地位，有权力，但俸禄很少。

② 旗本与御家人：江户的武士有两种，即将军直属家臣团和诸国驻江户大名的家臣团。在将军直属家臣中，俸禄未满一万石的，是旗本与御家人。旗本可以直接拜谒将军，御家人则不能拜谒将军。

的力量。

更重要的是，完全没有既得利益的外样① 的下级藩士西乡隆盛② 、大久保利通③ 和坂本龙马④ 等人登上舞台后，维新才宣告成功。

有一个成语叫作"当局者迷，旁观者清"，意思是说，比起下围棋的人来，在旁边看棋的人更清楚获胜的妙招。和实际对垒的二人相比，旁观者不热衷于决出胜负，因而能够超然于局外，冷静地观察全盘。

被惰性支配的男人

很遗憾，男性比起女性来，应对环境变化的调控能力比较弱。一旦成就了某件事，就把它当作先例，当作迄今为止的章法，不喜欢脱离已经铺设好的轨道。厌恶破坏既成的东西向前进，变得保守起来，崇尚权威主义，只知守旧，不再去挑战新事物了。

---

① 外样：外样大名，是指关原之战前与德川家康同为大名的人以及战时曾忠于丰臣秀吉、战后降服的大名。
② 西乡隆盛：1828—1877，日本江户时代末期的萨摩藩武士、军人、政治家，和木户孝允、大久保利通并称"维新三杰"。
③ 大久保利通：1830—1878，日本幕府末期和明治初期杰出的资产阶级活动家和革新家，在日本近代史上占有重要地位。
④ 坂本龙马：1836—1867，日本明治维新时代的维新志士、倒幕维新运动活动家、思想家。

大到整个国家组织，小到常去的酒馆，这种倾向无处不在。

比如，男性一旦做出了选择，无论是理发店还是酒馆，乃至杂志，就变成"熟悉的"，不轻易改变了。

他们认为总是在某个理发店剪固定不变的发型不会出错，让人放心。

只要第一次觉得不错，那么去上次去的那个酒馆，最好还坐在上次那个座位，要上次点的那个菜肴喝酒，这样才是最让他们放松身心的。

比起女性杂志来，订阅男性杂志的人要多得多，这也是男性"喜欢固定"的表现。

相比之下，女性的喜好犹如万花筒般变幻不定。她们经常更换美容院或改变发型，妆容不停在变，服饰也换个没完，交往的男性类型各不相同，喜欢去的饭馆也经常更换。

女性时尚被称为流行，与之相对，男性的时尚被称为风格，由此也体现出男女不同的特性。

男性只要喜欢上某件夹克、某条领带，就可着一件穿，可着一条戴，所以夹克和领带很快就被磨破了。

可是，女人站在满得关不上门的衣橱前还在叹气："没有一件能穿得出去的衣服。"

从事服务业的人说："女性客人很靠得住，但同时也很可怕。"

她们觉得某个店不错的话，就一个接一个地带朋友来捧场。她们也会风闻好评，慕名而来。可是，一旦有什么不中意的事情，二话不说，就先厌恶起来，还到处散布她的不满，导致店内客人减少。

领导不需要创造性

即使在现在这样跌宕起伏的时代，很多男性也依然注重维持现状与现行体制。

要想打破这些框框，不被变化淘汰，就需要男人自身变得柔软起来。

在这里需要记住的是，不必什么事都身体力行。进一步说，对于站在顶端的领导来说，独创性并不是那么重要。

单个人的能力是有限的。比较优秀的人，要多少有多少，可是未必优秀就能顶用。

居于领导地位的人，更需要的是柔软的头脑，能够倾听各种人的意见，不断从别人的意见和行动中吸取新东西，并且看透哪个是"当时的花"，进行取舍和选择。

我认识一位教授，他几乎完全不具有独创性。但是，他当头的研究所取得了很好的业绩。

那位 Y 教授知道自己不太具有创新性，所以让下面的研究者们自由放松地去研究，以便使他们有发挥的余地。这样写出来的论文作者栏里，这位教授作为负责人、项目领导，理所当然要署上名字。于是，在外人眼里，Y教授似乎做了大量的工作。

像这样，能够发挥他人的能力也算是很出色的才能。Y教授的真正实力不在于独创性，而在于他能够判断、提取并汇总下面的研究者所具有的独创性。

结果，凭借这个能力，Y教授自身以及其他研究者都感受到了各自的幸福。

变革的力量

现在正是变革的时代。

每日每时都有新的东西被创造出来。与此同时，人们的感觉在变化，社会也在变化。

这种时候，头脑冥顽不化的执拗者就会被人们甩下了。正如古代灭绝的恐龙一样，只靠巨大的身体和强大的力量生存的话，只有灭绝这一条路。

倒不如柔软一些，偶尔轻飘飘的也不要紧。总之，要学会能身轻如燕地审时度势。

不用说，这样做有时会被人看作是"墙头草，随风倒"，也可能会被人轻视。但是，掌握灵活应变这种轻盈是很重要的。而且，很多幸福是从这种轻盈乖巧得来的。

执着守旧、故步自封，尽管有时也很了不起，但在现实生活中，这种能够变化的轻巧才更加有意义，也更能招来幸福。

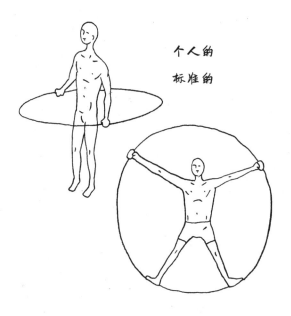

个人的

标准的

第七章

在校外学到的

教室里所能学到的东西，

自然是有限的。

为了幸福地生活下去，

我们应该学什么？在哪儿学？怎么学呢？

积蓄捕捉幸福能力的真正的教育秘诀，

其实简单得唾手可得。

教育是什么？听到这个问题，大部分人可能会首先想起从小学到大学，坐在课桌前学习的情景。

然而，教育并非如此简单。

学生在学校所学的东西只是极少的一部分，真正的教育是人在和各种各样的人接触的过程中相互熟悉、成为朋友，或者在和别人争执吵架、相互怨恨憎恶中习得的。

这就是所谓人格教育。

总之，我要强调的是，教育不只局限于学校里。

各种各样的才能

所谓才能，并不仅仅指展露于外的灿烂夺目的东西。

能够将讨厌的事马上忘在脑后，夜夜能安睡，能忍受呵斥，能心无旁骛地投入一件事是才能；吃东西不挑食，对各种事情都怀有兴趣也是才能。而且，其中有很多是没有表露在外，只有非常亲近的人才知道的才能。

正因为如此，很可能你拥有许多不为人所知的才能，而你自己也没有好好去发挥，把它们忽视掉了。

那么，如何施展这些才能，充分发挥它们的作用呢？

在此，最要紧的是，无论多么微小的事，凡是好的地方就要大加赞扬。特别是对小孩，赞扬是十分重要的。

当然，也不能惯坏小孩。早上起床要问好，吃饭不能挑食，这些规矩必须严格加以培养。

除此之外，如果孩子做了好事，就要及时夸奖孩子："真棒啊，宝宝太厉害了。""妈妈真的好感动。"孩子听到夸奖会特别高兴，"得意忘形"起来。

不用说，孩子是单纯无邪的，让他们得意是很容易的。

所谓才能，正是从这种得意忘形中发芽的。

即便碰到了讨厌的事，也要告诉孩子"没关系的""这种事没什么大不了呀"，并鼓励孩子"你一定能做到"；成功了的话，就夸奖孩子"真了不起啊"，使孩子增加自信。

无条件地肯定孩子的存在和行为，对孩子来说，就意味着被爱，意味着被爱包裹。

英语中把"教育"叫作"education"，这个单词来自拉丁语"educatio"，也就是"抽出"的意思。将埋藏在每个人身体里的各种才能挖掘出来，加以培养。日本的孩子们现在所接受的，是这种原本意义上的教育吗？

在教孩子学东西的时候，最重要的是，要教给他们学习这个东西的"乐趣"。

坐在可以信赖的父母的怀抱里，听大人读故事，即使不懂文字和语言，对小孩来说也是很快乐的事。孩子懂得了看故事书的乐趣，以后就能够自己读书学习了。

无论是历史、科学、数学还是其他科目，教育者最主要的职责，是将科目里隐藏的乐趣、有意思的一面告诉孩子们。

我觉得，比起勉为其难地让孩子们写读后感、从小时起就用"百人一首"玩游戏，这样更能提升日本人的语文能力。

应该让孩子们在学习中感到快乐和有意思，而不是痛苦，这才是提高教育效果的最好方法。

首先要爱自己，肯定自己

既已成年，却总是得不到他人表扬的人该怎么办呢？

这种人不要消沉，首先要自己夸奖自己，肯定并包容现在的自己。在此基础上，如果能"得意忘形"就更棒了。

虽然被人说过"别蹬鼻子上脸""别太放肆"，却从没听过"得意忘形起来吧"。

　　既然别人不对你这么说，你就自己"得意忘形"好了。

　　即使失败了也没什么大不了的，因为总是沉默，不付诸行动的话，就一事无成。

　　总之，"得意忘形"时，心情和身体状态都会变好。不用在意别人的嫉妒，你可以想——啊，自己现在的状态都好得被别人羡慕了。

　　大体上，长寿又有精神头儿的人，多是唯我独尊，或者不太听别人的话。并不是说完全不听取别人的意见，是只听重点，剩下的就左耳进右耳出了。这样既可以回避不良的应激反应，又可以提高注意力，还可以每天过得不沉重，幸福快乐地生活。

在打工中学习

　　对于生存真正有用的智慧，有很多是在家庭或学校里学不到的。

　　二战后不久，我还是中学生，很多同学都出去打工，不像现在这样学习至上，学生只是在学校里面死读书。那时候，体育用具也不充足，学生能够自由地去社会上学习很多东西。

　　只是在教室里学习费解的知识，就不能掌握为了生存所需的智慧，即为填满饭碗所需的实用性的学问。

据说，自古以来，一般人的必修功课是"读、写、算（加减乘除）"，只要大致学会这几样，就能在社会上混饭吃。比这些更难的知识，除非应付考试，在现实生活中几乎用不上。

实际上，我从小时候开始，在学校以外的多个场合学到了不少宝贵的知识。

初中二年级的寒假，我就跟一个朋友一起卖过挂历。

那时候不像现在，有企业赠送彩色印刷的漂亮挂历，挂历不是免费的，是花钱买的。

我们在薄野（札幌的商业街区）街头铺上一张席子，在那上面向来往的行人叫卖，堆得高高的挂历转眼之间就下去很多。

在纷飞的雪花中，挂历卖得非常顺利。这时，一个当地的混混过来了，冲我们嚷："嗨，谁允许你们在这儿卖东西啦？知道吗，得交摆摊费啊！"

原来还要掏摆摊费啊。可是，我是真不想掏啊。我这么想着，回答他："实在对不起。可我们是需要钱才来卖的，要不然，我们就活不下去了。"他问："你们要干多久？"我们说："想干一寒假。"于是，他说："没法子，给你们便宜点吧。"只是形式上收了一点儿钱，放过了我们。

后来，他每天都来巡视，还担心地问："喂，没什么事儿吧？多亏有我保护你们呢。""有什么麻烦，马上告诉我啊。"从那以后，我就认为，即使是混混，只要真诚对待，他们也不是那么坏的人啊。

在我们的挂历摊旁边，经常摆着一个象棋摊。

摊主从下棋的客人那里收取"下棋费"，若是摊主被客人将了军，就要给客人赏金。

我边卖挂历，边有意无意地往那边瞧，只见客人一个接一个地来挑战，却没有一个人拿到赏金。于是，我趁没有客人的时候问他："叔叔，你摆的棋其实将不了军吧？"果然，他说："小子，你在看哪。没错，是这么回事，被你看出来啦。"

我心里感叹起来，嘿，原来还有这种耍花招骗人的买卖呀。

于是，我说："叔叔，你能想出这种看似能将军，其实将不了的棋局，真棒啊！"他听了，眉开眼笑地对我说："嗯，这个可难呢，我了不起吧。"后来，我们就成了好朋友。

之后，我在卖滑雪用品的体育商店也打过工。不过，那家店只是挂羊头卖狗肉，其实是一家倒卖紧俏物资的黑店。

虽说在店头挂着好几套滑雪板什么的，但是几乎没有客人上门。真正的买卖，是向当时被称作"伴伴女郎"的、专门接待美军士兵的妓女或美军军官的情妇，也就是专属妓女，提供大米、黄酱、酱油等物品，并把货送到她们住的地方。如果像我们这样的小孩送货的话，就不会被警察注意，这就是我们这家黑店老板的智慧。

当然，刚开始时，我并不知道这是家黑店，工钱又高，我就干上了。

当时，社会风潮非常鄙视伴伴女郎、专属妓女这样的女人，但是，进到她们的房间，和她们一接触，就会发现那也是些很好的人。

我每次去送货，她们都会说"小伙子，谢谢啦"，有时候，还给我当时很贵的口香糖和巧克力，这些东西对我来说是第一次得到的高价零食。后来，我还利用送货之便，瞒着黑店老板，偷偷给她们的货加一些量。于是，每次她们都对我说"谢谢"，我还得到了日本人当时吃不到的蛋糕等。

那时，战争中延续下来的男尊女卑思想还很严重，所以听到这些被美国男人包养的女人对我说"美国男人很不错呢"，对我也是一种文化冲击。

而且，她们住的房间很豪华，我还是头一次见到那么漂亮的床。

寒假结束后，我对妈妈说了卖挂历挣钱的事，妈妈使劲儿夸奖我说："你这么小，就知道辛苦赚钱，真不错嘛。"这些夸奖的话直到现在我还记得清清楚楚。

我告诉妈妈："那个滑雪用品店，其实是个黑店。"

妈妈听了，只是说："哦？是吗？"

我辞工的时候，黑店老板对我说"辛苦了"，还请我吃了一顿饭。

我第一次吃到那种面食，觉得实在太好吃了，就问："这叫什么？"

他告诉我："叫作拉面。"

那是我第一次吃札幌拉面，当时是酱油风味的。

现时与战后混乱比肩

在大雪纷飞的札幌街头学到的东西，和小混混、象棋摊主以及伴伴女郎们的交往，给黑店老板帮工的经验，这些对我日后踏上社会有很大的帮助。

大概有人会想，现在时代不同了，你说的那些都是"老皇历了"。

要知道，无论到什么时代，人都不会有很大的改变的。人就是人，有好人也有坏人。看起来很坏的人也有好的一面，看起来很好的人也有坏的一面——这就是人。我也是人，所以最喜欢人，觉得人很有意思。

所谓从好学校毕业成为公务员，或者进入大公司，就可以高枕无忧，这些只不过是和平年代里，而且是景气上涨时一时的幻想而已。

现在这个时代，和二战后那段混乱时期颇为相似。曾经的一流银行和傲居世界第一的汽车公司相继倒闭，一些地方自治团体也面临破产。

最近，日本的很多高中都禁止学生打工，但是，脱离家庭和教室，到四周都是陌生人的社会上去，做一些力所能及的事，靠自己的能力挣钱，并不是什么坏事。

比起干坐着学习，这样更能够发现自己意想不到的能力和适应性，还能够体会到金钱的重要性。

人不能总是玩游戏。如果只和机器接触的话，人就会变成无机人，充其量变成机器人。

现实社会中需要的是人的情感、人的思想。

为了丰富它们，首先要做的是吹吹外面的风，和活生生的人碰撞出火花。

为了积极进取，不消沉地生活，需要学习的东西数也数不清，其中很多知识光靠家长和老师是学不到的。

通过实际体验，人能够获得多少知识，与那个人在多大程度上拓展其作为人的宽度和胸怀紧密相关。

丰富的阅历是能够使人获得幸福的。

在学校里一路学过来的好学生并不一定能够拥有这般的气度和胸怀。

仅仅当过公务员，或者只是在安定的一流企业工作的人，一旦脱离这些岗位，马上就会不知所措、惶恐不安。然而，有着丰富人生阅历的人，即使不当公务员或不在一流企业工作，身上也具有生存下去的力量。

比如说，即使在混乱时期或经济不景气的时代，他们也照样能够坚强勇敢地生活下去，牢牢把握住幸福的。

如果想要抓住幸福，就要先跳到人群中去，认识人，喜欢上人。这样才能在人类社会中找到幸福，并抓住幸福的原点。

第八章
积攒智慧更重要

学习成绩好，

只说明能够应对以往的学习，

这不等于具备开拓今后时代的能力。

不如成为让周围人幸福、自己也幸福的人。

怎样才能成为这样优秀的人呢？

虽说统称为学问，我还是觉得可以再分为虚学和实学。

这里所谓"虚学"，是指在学校里，从网上、百科全书以及其他资料文献中学到的东西。

虚学的特征是，即使不刻意与人交往，只要想学就可以学，从某种意义上来说，只是单方面接受的学问。

与此相对，与人直接接触、谈话，在感受欣喜、悲伤、憎恨中学习何谓人生、何谓人，以及每个人生存下去所需的东西——这是以活生生的人作为媒介进行学习，因此，我想也可以称之为"实学"。而且，现如今最重要的就是这种实学。

当然，虚学也很重要，但只要想学，无论何时都可以一个人学习。

要是忘了的话，用电脑之类的查找一下，答案几乎都能找到。

而实学就不可能这样。由于是在和别人交往中学到的知识，所以并不是单纯的学问。

是的，把它们叫作"知识"不如叫作"智慧"更贴切。

在今后的时代中，重要的不是单纯的知识，而是能在现实生活中生存下去的智慧。

如何才能切实地掌握它们，并在每天的生活中加以活用呢？

幸福就在那边等待着我们。

真正的聪明

所谓"聪明人"，说的是哪种人呢？

智商（IQ）是用心理年龄除以实际年龄，再乘以一百得出的数字。所以，五岁的孩子如果有十五岁的心理年龄的话，智商就是三百，也就是说，这孩子有多么的"老成"。

美国的心理学家罗伯特·斯滕伯格把人的智力分成三个部分，即解决学业方面问题的"分析性智力"、应对未知状况并想出对策的"创造性智力"以及解决日常课题的"实践性智力"。

在此之前，人们只是把学习成绩优秀叫作"聪明"，其实这只是智力的一部分。伏在桌子上解答一开始就存在正确答案的问题，只不过是一种分析能力。

以试卷上的高分而自豪，毕竟只在学校里通用。

这并不是真正意义上的人与人之间的碰撞，高分的同学只是在自豪感上比别人高一些罢了。这种"优等生"在以后的大变革时代恐怕是难以生存下去的吧。

实际上，只要在这个世间生存，就会不断遇到各种问题，并没有唯一的绝对正确的答案，因为答案和解答方法都是以各种各样的形式存在着的，不一定上一次解答了，这次也能以同样的方法解答。

擅长存储和搜索信息的电脑的发达只是对我们的分析智力起到了辅助作用。所以，如果只是想了解事物，交给电脑就可以了。但是，如果它无所不知却不起作用的话，就着实让人头痛。因此，对人的能力，就要求更具有创造性和实践性。

那么，在今后的社会中，所谓的"聪明人"，究竟指的是什么样的人呢？

是指那些善解人意的人，能够向对方传达自己心意的人。不是摆出无所不知的样子教训别人，而是能够思考替代方案并解释明白——这才是成为聪明、有魅力的人的必要条件。

人类是富有感情的生物，不是一切都是以道理为转移的。然而，越是伏在桌子上学习，积累虚学的人，越容易只靠理论来思考问题。

那些自以为是、光说不练的人，遇事就断言："这样做的话，会变成这样。"没有如愿的话，就说："那样不对，应该这样做。"

可是，对于只会下命令、纸上谈兵的人，谁也不会服气。

一被人追问，只用头脑思考的人必定会找理由狡辩。撒谎的时候也一样，只是脑子好使的男人会在脑子里仔细编排这个谎言，使之富于逻辑性。虽然看似完美无缺，可是只要出现一个破绽，一切就会瞬间崩塌归零。

在生存的道路上，不是什么问题都有独一无二的正确答案。更重要的是，能够体察眼下发生的现实问题和对方的心情，找出适合的对策。

这也不是从理念上，而是通过对现实的观察感受得出的想法。

要成为富有魅力的人，首先需要具备的是对人的洞察力和比书本知识更重要的丰富阅历。也就是说，智慧的积累能够提高一个人的人格魅力。

刻骨铭心的智慧也会淡忘

俗话说："子欲养而亲不待。"这句话以前就知道，但是我第一次明白它的含义是在父亲去世的时候。

父亲六十岁的时候，在家里突发心绞痛而猝死。

可是，我那天偶然外宿，没能见到父亲最后一面，而且身为医生，我却没能对父亲实施抢救。这件事直到现在都令我深深懊悔。

说实话，我懵懵懂懂地知道父亲有一天会死的。

但是，现在回想起来，那时候我对父亲会死这件事没有什么切身感受。虽然知道有一天会死，却没有当回事，总觉得离那一天还很遥远。

"尽管想对父母尽孝，可是等父母去世就晚了，所以要趁着父母活着的时候尽孝。"这个教诲我一直都知道，而且以为自己很明白其中的含义。

可是，实际上我什么都没有做，因为我觉得父亲还健康得很。

面对父亲的猝死，我才第一次刻骨铭心地明白了"子欲养而亲不待"这句话的含义。

在那之前，这句话只不过作为一种知识而存在，经过了亲身体验，它就变成了我身体的一部分。

从那以后，本来不孝顺的我突然变成了大孝子。

因为没能对父亲尽孝，所以我就对孤身一人的母亲尽起了孝道。

可是，如此刻骨铭心的智慧也会随着岁月的流逝而渐渐忘却的。

这么说，是因为我对母亲尽孝也是出于不知她何时会去世的担心。为了打消这种不安，我才努力对母亲尽孝的，但是母亲一直活得好好的，而且越上岁数越硬朗了。

这样一来，人，或者说我，是很愚蠢的，觉得母亲离死还远着呢，就渐渐减少了问候的次数。当然，某种程度的孝道还是继续着。但是，以前每次从东京去札幌时，我都去看一看她，可是后来，忙的时候就不去看她了，直接返回东京。甚至连电话也打得越来越少了，虽然也想打一个，但又觉得反正还很健康，以后再说吧，就懈怠了起来。

就在我这样的懈怠中，母亲的身体状况开始下降，半年之后就突然去世了。

听到母亲病情恶化的消息，我急忙飞回札幌，却还是没能见到母亲最后一面。

母亲已经八十六岁高龄了，那也是没有办法的事，但是那么刻骨铭心的智慧，竟然也随着岁月流逝慢慢淡薄了。更何况只是装进脑袋里的知识，当然比写在沙子上的文字消失得更快了。

摔倒了爬起来的智慧

比起知识来，想要掌握能起实际作用的智慧应该怎么做呢？

现在的教育只夸赞有知识的人，却不培养有智慧的人。

在日本的小学里，对孩子们实行安全第一主义，把他们都关在教室里，远离能接触到各种人的地方，一味提防他们受到伤害，其结果只会把孩子们积极生存的欲求都扼杀在摇篮里。

不用说，将视野转向校外、积极生活的话，有时会遇到失败和苦恼。但是，只靠学习掌握不了智慧，必须积累各种各样的经验，否则是不可能得到智慧的。

由于害怕失败而不去挑战的话，是不会获得积极的生活态度的。与其将孩子们引向一条安全平坦的、不会摔跤的路，不如教孩子们在摔倒的时候如何自己站起来——让孩子们拥有能够重新爬起来的能力，才是真正的教育。

小孩即使跑步的时候摔倒了，也不过是擦伤膝盖而已。只要给伤口消了毒，疮痂下面不久就会生出新肉，重新长出表皮来。

比起学习如何避免失败的知识，失败了能够重新振作的智慧要有用得多。

"蕉门"（松尾芭蕉之门人）的《俳谐问答》里，芭蕉有句"游于危处"，我很喜欢。

所谓"危处"，简单地说就是危险的地方。但这句话可以有多种解释，可以解释为"行至危险之所，亦勿忘从容之心"，也可以解释为"危险之所亦勿逃离，可尽情游玩"。意思是说"总在安全的地方是不会有成就的"。虽说在危险之所可能会遇到危险，但什么事都要自己去体验。

如果孩子只待在安全的地方，家长确实能够安心。

但是，人并不是一直到死都生活在无菌室里。走上社会后，无论喜不喜欢，都要待在遍布细菌的社会里。

与其那样，不如早点儿让孩子接触细菌，增强免疫力，这也是家长的责任。

在无菌环境中长大，不带任何免疫力的人成年以后，一旦感染了麻疹，不少人就会罹患危及性命的重病。麻疹和流感可以通过注射疫苗预防，道理就在于让人先轻度接触病原菌，使身体形成免疫力。人的身体和心灵正是通过体验天下万事，才变得坚强的。

为了不被一次失败击垮，就要让孩子从小就经历许多次小的失败。有了这样的经验以后，成年后即使遇到挫折也能够重新站起来。

只有这种人才能够不惧怕新事物，常葆挑战之心。

"钝感力"活用法

据我所知，比起感情细腻、天真纯朴的人来，经过历练的坚强的人，在其漫长的人生中似乎更能成就有意义的事业。

整天在意周围的人，总是神经紧绷的话，就会心神疲劳，想不出好的点子来。

从这个意义上讲，要尽可能把孩子培养得豁达一些，这一点很重要。

从小时候开始，孩子就被家长灌输要好好学习，仿佛成绩就是衡量一切的标准。以这样的教育方式培养出来的孩子走上社会后，一旦遇到挫折，就会意志消沉，一蹶不振。

这样的人太软弱、太没出息了。

与此相对，完全从自己的兴趣出发，喜欢什么就动手尝试的孩子，从小习惯了被大人训斥，所以不会因为一点儿小事就消沉。

被妈妈歇斯底里地骂了一顿，尽管多少也会反省一下，但他心里想的是，妈妈一会儿骂累了就不骂了吧。

有了这种"死猪不怕开水烫"的精神就好办了，因为这种钝感正是使各种能力开花结果的原动力。

因为做了什么错事而挨了骂，那么马上就改正，该反省的就反省，但是挨骂这件事忘得越快越好。而且，要尽量做到只想起被夸赞的事来恢复心情。特别是男孩子，具有被训斥了也不消沉、脸皮厚厚的钝感力是很有必要的。

这种迟钝感觉的优点是，无论遇到什么挫折都能够重新爬起来，不胆怯、不拘泥于小事、豁达大方。

什么都意识不到、没有反应，只是单纯的迟钝。然而，碰到不快的事或遭遇失败不耿耿于怀，而是马上忘掉，重拾积极开朗的心态，继续向前迈进，这种能力才是钝感力。

知识加上体验成为智慧。并不是只了解某件事，而是向前迈进一步，在体验中学习。

在现实生活中，比起知识来，智慧更加重要。越是智慧丰富的人，越能抓住幸福的机会。

现在，就让我们存储足够的智慧，踏上寻找幸福的旅程吧。

第九章

自我革命的恋爱

最适于养成『幸福习性』的，

是飞速提升人格力量的训练，

是肯定自己，接二连三谈恋爱。

爱与被爱，才是人生。

失恋也不怕。

所向披靡的独家恋爱论！

喜欢上什么人，能够使人神采奕奕，连旁人也看得出他喜不自禁。

单相思也能使人精神倍增，两情相悦就更胜一筹了。

都说坠入爱河的女性很美丽，此话不假。恋爱中的女性，不分年龄，肤色都会变得亮丽。

银座某俱乐部的老板娘说，店里的女孩子们，谁正在谈恋爱，而且进展顺利，她一看便知。因为恋爱进展顺利的话，本人就会变得生气勃勃，同时，对待别人也会更加温柔宽容。事实上，在这个时候，人根本无心对他人嫉妒、中伤、刁难什么的。而感受到男人的爱，并且尽享性爱带来的喜悦的女性，从声音到腰肢都会变得柔软妖娆起来。

相反，没有谈过恋爱或没有恋爱对象的女性，即使是美女，也仿佛缺失了华彩，显得萎靡暗淡。

男性也一样。仅仅因为有了喜欢的女性，就会变得积极进取。和那个女性发展顺利的时候，全身都充满自信，对别人也能温和相待。

心情舒畅的话，身体状态自然会好起来。于是，心情变得开朗豁达，对他人也比较宽容了。

这种"欢欣雀跃的心情"能够提高生存能力，获得幸福感。

恋爱是人学

恋爱是人与人之间最为亲密的接触，是实学的极致，说它是锻炼人格力量的综合培训班也不为过。不过，单单两情相悦并不是恋爱。恋爱是一种战斗，也要讲求策略。

男人为了得到女人而去接近她，此时，就需要运用战略战术，或者说是智慧了。

而且，这些在教室或教科书上是学不到的。这与通过读书得来知识和学习数学、物理完全不同，男人需要的是更加灵光和柔软的头脑。恋爱是感性和感性的碰撞，所以，即使学业优秀，不受异性欢迎的人怎么都不受欢迎。

反过来说，在数学或者物理课上，坐在教室里感到很痛苦的时候，去想喜欢的女人，琢磨怎样才能吸引她的注意。这样天马行空地幻想时觉得很开心的人，就很有希望。

自己爱着的那个人，喜欢什么样的电影和音乐呢？还有，她现在热衷于什么呢？喜欢吃什么食物？知道了这些的话，为了追她而去查阅和学习相关知识，也就不觉得难懂了。

岂止如此，接触与自己的兴趣完全不同的音乐和电影、探访新开的饭馆都变成了乐趣。为了赢得她的好感，甚至会对以往漠不关心的穿衣打扮也在意起来。

那么，男性通过恋爱能够学到什么，又是如何成长的呢？

答案就是，极端地说，数字型生物的男人，通过和模拟型生物的女人的交往，学习到"人与人"的接触方式。

擅长逻辑思考的男性，往往以为在校成绩好、体力充沛、能挣钱等可以用客观标尺测量的事情才具有价值。无论是在校期间还是在踏上社会后，通常脑筋快、具有逻辑性、能够应付很多工作、做事效率高的男性会得到很高的评价。

然而，这些都是所谓由数字构成的逻辑世界。

与之相反，恋爱应该说是逻辑世界的反向极，是非数字的。

"这样做的话，应该得出这个结果。"基于这种推理的话，往往适得其反。

从孩提时代开始，男人就被教导理论上的整合性或客观上的正确性才是最重要的，并且一直对此深信不疑。对于他们来说，第一次面对的谜题就是女性，就是恋爱这个非逻辑性的集合体。

即使男人吹嘘自己"瞧我多了不起"，炫耀自己"看我多有钱"，也有讨厌这种强势，对此嗤之以鼻的女性。

男人自认为理应受到称赞的事情，在女性这里不一定受青睐。

实际上，男人和女人的感性在很多方面存在差异。认同这种差异之后，下一步该做些什么呢？

为了接近她，你就必须拼命地开动脑筋。要从各个方面，在和变化无常、无法捉摸的女性的碰撞中学习。这样一来，就能认识以往你所不知道的世界，注意到男女之间兴趣爱好的不同，重新思考逻辑所无法说明的人性以及爱的不可思议性。于是，就能够慢慢懂得什么是男人、什么是女人，即什么是人了——这就是从恋爱中得到的最大智慧。

东张西望也行

不只是自己快乐，恋爱时也需要具有让对方开心的能力。怎样做才能掌握这种不独享其乐、让对方也快乐的能力呢？

那就是不要只盯着一个地方，要拥有复眼。不能一味拘泥于自己的想法，认死理。不能只考虑自己的感受，也要考虑对方的心情。有时，还要把对方的双亲和朋友的心情考虑进去，不能只限于两个人。

如果老是死盯着一个点，就会引起焦点死机，不能柔软地应对事态。

在教室里，如果不安分地东张西望，马上就会挨老师训斥。然而，关乎恋爱的话，就需要具有多视角、多焦点了。反过来说，经历几次恋爱之后，人就变得习惯于从多个视角出发，观察和思考问题了。

再谈几次恋爱，人还能学会忍耐，或者说是隐忍。

恐怕没有人愿意忍耐那些让人讨厌的事。可如果对象是喜欢的人，就会"鬼迷心窍"，或者说为了实现下一个目标，能够忍耐到难以置信的地步。无论遇到什么事情，只要前面有快乐，人就能忍下去。而在忍耐之后——不，忍耐本身就已经能够让你找到幸福了。

恋爱是男女之间展开的一场博弈，是活生生的较量，所以在这个过程中，人能够学会如何控制自己。比如，这种时候不能过于勉强对方，惹怒对方就会前功尽弃，或者这个时候必须要顺从对方等等。

因为这是和虚拟的数字世界或电脑游戏完全不同的变化万端的实学。

有时候，就连一次约会都不会那么顺利。比如天气骤变，两个人观看的电影极其无聊、广受好评的饭馆不合她的口味等等，意想不到的事情会一个接一个地发生。

这种时候，就需要应变能力了。不能一门心思地照预定计划行事，而是要根据对方的态度迅速做出反应，找出应对的办法。

成年以后还动辄生气、固执于一己之见的人，好像很多是没有亲身经历过恋爱或者轻视恋爱的人。

不管是什么年龄段，恋爱需要的是头脑与身体，而不是金钱和大道理。

勤快的男人要比懒散的有钱人更受女性欢迎。比起那些净说冠冕堂皇的漂亮话的男人和自以为是的男人来，很多女性更喜欢对自己感兴趣、把自己照顾得无微不至的男人。

勤快本来就是男人擅长的本事。之所以他们一直被教导"男人不要太在意细节"，就是因为男人是一种天生注重细枝末节的生物，没有法子不让他们运用这种纤细的能力。

花很多钱买昂贵的东西，谁都会。价高的红酒自然好喝，但是能发现并欣赏物美价廉的超值红酒，才是鲜活的智慧。

人的脑子，被真正使用的只不过是极小的一部分，许多蕴藏着的潜在能力还有待开发，而且脑子又是最为结实的器官，所以无论怎么使劲儿用，它都不会减损。

让我们多多使用它，把它锻炼成有实际功用的头脑，由此出发，打造出属于你和你所爱之人的幸福吧。

失恋是迈向下次恋爱的第一步

无论多么麻烦的事，只要能得到她或他的欢心就不觉得苦，这就是恋爱具有的潜在能力。

如果一开始就把恋爱当作学习或工作来做的话，是坚持不了多久的。

不只是自己快乐，取悦对方也是一种快乐。如果能体会到这种心情，恋爱能力就能飞速提升。

恋爱这种事情，有一点切不可忘记，对于男性尤其重要——那就是要"死马当活马医"。

恋爱并非决胜负。即使觉得胜利了，也终会完结，这就是恋爱。就算没能实现愿望，也不代表失败。只要曾经爱过一个人，就是一种美好的体验。

自己曾经付出过努力，这种感受一定会成为你的幸福资产。

而且，人在恋爱的时候，能够发现并发掘出不同于以往的新的自己，同时，对于自己是什么样的人也能更加明了。你会发现，没想到自己这么任性、这么以自我为中心，有时候也这么优柔寡断啊。还会发现自己的内心存在着出乎意外的好的一面，原来自己也格外温柔体贴、忍耐力强、富于献身精神呢——这些都是恋爱的美好之处。

恋爱并不是成功了才好，不如说不成功的时候能够学到更多东西。而且，某段时间，喜欢上谁并展开追求，这本身就给人带来巨大的充实感，是人生的财富。

不能从一开始就想"一定要成功"，如果持有这种急功近利的心态，就什么也成就不了。重要的是，要先迈出第一步，即使失败了也无所谓，失败了只要重新再来就是了。不仅如此，由于失败而表露出的弱小无助，说不定会让下一个对象更温柔地接纳你。

不要追求完美。恋爱中没有完美和标准答案，马马虎虎就是成功，让对方开心就是完胜，死马当活马医也行。不愿意这样做的人，只是过度的自尊心在作怪。自尊心要密藏在内心深处，只有自己知道就行了。

无论成败与否，爱过、开心过、后悔过、失败过——这一切都能成为生活下去的力量。

总之，用不着苦恼。有苦恼的工夫，还不如试着考虑一下"问题在哪儿"呢。

遇到什么事都积极地去思考，给自己一个容易接受的解释。

比如说，一个女人离开自己投向了别的男人的怀抱。

他们两个人不会顺利发展下去的，他现在大概还没有发觉，但是早晚会看到她令人厌烦的一面。而自己在那之前，在只看到她好的一面的时候就分手了，真是幸运。

应该说，她真的挺不简单，居然能让我追求她。这样去想，就能多多少少想开一些，朝下一个目标努力了。

同样，对于抛弃了你的男人，你就想，他并没有真正认识到你的价值，他其实就是一个游移不定、轻率滑头的男人。

不过，也有可能你在表现自我的方式上有些强硬，或者有点软弱。

下次要换个新的方式抓住男人。

失恋的痛苦，也是孕育新恋情前的阵痛。

就这样，通过恋爱，在加深了解对方的同时也能明白自己，于是就会加深对人的兴趣和依恋，继而以肯定的心态来看待人的存在。

爱与被爱，会让一个人喜欢上另一个人。即使遭到背叛，只要喜欢一个人，从根本上还是可以相信他。即使恋爱失败，也能重新爱上别人。这才是恋爱最大的效能。

恋爱就是自我革命。

首先，要肯定自己。然后，要尽量与对方合拍，不停地恋爱，不断地改变自己。

这样一来，你所具备的"抓住幸福的能力"就一定会变得更加丰富多彩。

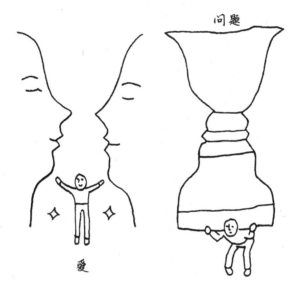

问题

爱

第十章
与人交往的开端

独自一人，无法品味何为『幸福』。

与人交往，又会有精神压力。

这么说的人为数不少吧。

自己和他人，

如何才能友好相处？

怎样做才能有立竿见影的效果？

因情绪不佳、心情郁闷而成天发泄不满或说别人坏话，会使身体的血液循环不通畅，这有损健康，没有一点好处。

不仅如此，总是抱怨不公平的人还会对周围环境造成不好的影响，渐渐被人疏远。

不论是谁，都不可能独自生存。如同血液在全身顺畅地循环一样，如果努力使自己和周围人的"气场"相通的话，生存的力量就会随之增强。

可能有人会问，和他人息息相通不是很难吗？难道像你说的这么简单吗？其实，并没有人们想的那么难。

首先要学会如何跟别人寒暄、开朗地打招呼、表达感谢之情，还要学会如何夸赞别人等等。懂得这些日常交流的小技巧，就行了。

仅仅做到这些，你的周围就充满幸福了。

轻松自然地说"谢谢"

在日常生活中，能不能轻松自然地说出"谢谢"，比人们想象的还重要。

无论遇到什么事都能条件反射似的说"谢谢"的人，和没有这一习惯的人，周围人给的印象和评价完全不同。

说"你好"和"谢谢"都是交流的契机，也是人际关系的开端和出发点。

但是，也有人说，这些话实在说不出来，不好意思说。

这种人大都爱较真，考虑事情过于正经八百。该对这个人道谢吗？对那个人说那么多合适吗？其实用不着为这些芝麻小事犹豫再三。

如果有人打开门等着你，就说一句"谢谢"。有人帮你拉出椅子，就说一句"谢谢"。有人告诉了你时间，就说一句"谢谢"。咖啡厅服务生拿来了水，就说一句"谢谢"。

不要考虑对方的立场或人品什么的，当作是对所有人都说的话，轻松说出口，就不会感觉那么费劲了。

在京都的茶馆里，从老板娘到服务员都在一刻不停地说着"谢谢您"，来表达感谢之意。其实，这句寒暄话里面，感谢的分量并没有语言本身那么重。

但是，听的一方感到很高兴、很舒坦，觉得来这里吃饭是来对了。

等到用餐之后，临走的时候，她们又用柔美动听的声音说："非常感谢您的光临！"

而且，从茶馆出来走了一段路后，回头一看，她们还在挥手，说着"谢谢光临"呢。走到拐角时再回头看，她们依然站成一排挥着手。

我们并不是特殊的客人，店里的服务员们也并非发自内心地在送我们。

其实，只要是客人，无论是谁，她们都要送到看不见为止。可能这只是店里的一个规定，并不是对某个客人有什么特别的想法。不过，被送的一方却感觉很舒服。

相反，即使心里非常感谢，如果没有用语言和态度适时表达出来的话，对方也不可能知晓。总之，表达好意和感谢之情时，切不可胆怯害羞。

从这一点来看，经常提笔写字也是一种了不起的才能。正因为现在电子邮件盛行，所以，如果你在明信片上写一句话寄出去，仅此一事，你就能给对方留下深刻的印象。

这种时候，也不用绞尽脑汁写什么动听的话，将喜悦的心情表达出来才是最重要的，所以千篇一律的套话就足够了。把时间花在练习写字和琢磨措辞上，没有任何意义。

总之，只写一句"非常感谢"的效果，就比不写要强十倍以上。

左耳进右耳出

所有人际关系开始的第一步，都要首先表达自己的心情。如果很感谢，就说"谢谢"；没有那么感谢，也姑且说"谢谢"。还有，见到认识的人要问候"你好"。

不能因为想不起对方的名字就想逃避或者急着拐弯，叫不上名字也能站着说几句话的。

看见别人的狗跑了过来，也可以问声"你好"。虽说无意中和别人打了招呼，也不会挨骂的，因为亲切感会增进别人对你的好感。

以前，我曾经和一个报社记者一早出发去关西地区采访。我从东京站出发，以为他应该从新横滨站上车，但是没有看到他。快到名古屋的时候，我想要小便，就去了厕所，回来的时候发现他居然坐在我后面的座位上。

"哟，你在车上啊。"我问。

他说："我看您挺忙的，就没打扰您。"

据说他是一流大学毕业的高才生，但是性格内向，怯于和人打招呼。这样的话，头脑再聪明也不能算是优秀的记者。

毋庸赘言，成为记者的第一步就是与人寒暄。

不对，不光是寒暄，如果对谁抱有好感的话，首先要用语言和态度表达出来。

男人主动和女孩子搭讪的话，有的人就会说"那家伙很轻浮，吊儿郎当的"，其实这是嫉妒，所以不用放在心上。他们因为羡慕能轻松地和女孩子搭话的人，自己也想那么做，但是又不敢，所以想给别人捣捣乱。

将好感压抑在心里，冥思苦想，闷闷不乐，不如先轻松地试着说出来，这样对身体和精神都有好处。

有的人会由于别人向他示好而害羞困惑，却没有人会感到讨厌。

即便不是马上变成亲密的关系，但只要让她知道你喜欢她，对她来说，你就会成为一个特别的人。而且，交流的能力也不只是去跟别人沟通，当一个好的听众也很重要。

这时，最重要的是不要太进入角色。觥筹交错、身心放松的气氛下，对方说的话几乎都是自我吹嘘、牢骚抱怨或别人的坏话之类的。这种时候的诀窍就是，做出倾听的样子，但要左耳进右耳出，不往心里去。

听对方说话时，不要义愤填膺地发出"这太过分了！""怎么会这样啊！"等否定性的话，不如说"哦，是这样啊！"来肯定对方说的话，因为对方不是想听评判，只是想有人听而已。

面对别人发牢骚和抱怨，只要在旁边倾听，就帮了对方很大的忙。

日本的职员们下班后在酒馆里互相诉说上司和同事的坏话，得到放松，第二天又能够充满干劲地工作。

在不允许吐露泄气话的日本社会里，一点点苦恼也只能花大价钱请心理医生倾听。但是，可以的话，还是周围的人成为不用负责任的倾听者，帮助对方疏导为好，这样就不用去医院了。

快乐地拍马屁

不积攒并去除精神上的压力，最有效的途径之一是得到别人的称赞。

道理很简单，因为人只要受到夸赞，心情就会变好，血液循环就会通畅起来，性格也能变得明朗向上。

可能有人会觉得"这么简单啊"。也有人会说："别以为说点恭维话，我就会改变。最讨厌油嘴滑舌的人！"其实，说这种话的人大半不怎么被他人恭维。

即使觉得这个人很油腔滑调，或者认为他"很会说话"，但是受人恭维，还是感觉不坏的。总之，几乎没有人会因为被夸赞而不开心吧。

实际上，小孩也会因为得到夸奖而变得精神饱满，劲头十足。但是，这与"必须这么做"之类的精神压力有所不同。因为这种感觉并非出于要实现别人期望的"必须"心理，或不能辜负别人期待的焦虑不安，而是从自己内心喷涌出来的努力向上的欲望。

一般来说，被称作伟人的人，身边大都会有一些会拍马屁的人。虽然这些人经常被蔑称为巧言令色之徒或君侧之奸，但是这些阿谀之辈的存在也有其相应的功用。

"总经理，非常精彩啊！""您太了不起了！""我双手赞成！"等等，不一而足。由于经常听到奉承话，这个人就能保持健康并且越来越充满干劲。

当然，拍马屁也分为成功马屁和失败马屁。

同样是拍马屁，如果过于露骨的话，被奉承的一方会心情略微不快，有时还会起反作用。

应该说，马屁达到被奉承的人听了觉得很入耳的程度，是比较有效果的拍马屁。"并不是说一些意料之外的事，而是将略有所感的事加以夸张"，这种程度就足够了。

即使这样，要想有效地拍马屁，首先需要能体察对方心情的敏锐感觉。具体地说，就是能够洞察对方期望的是什么、对方引以为豪的重点在哪里，然后简洁快速地把话说出来。

这个时候，还要能够看穿对方的性格和毛病，就好比医生知道"这个人一摁住这个地方，就会这么反应"一样。而且，即便是同一个人，如果只是重复同一种奉承模式，效果也会逐渐减弱，所以必须根据时间场合加以更新。再进一步要求的话，不断地进行版本升级也很重要，因为马屁拍得好也需要智慧。

问题是，作为被拍马屁的一方，决不能把工作交给为了讨好自己而拍马屁的人。往往一旦对奉承者有好感，就容易无条件地信任他。然而，擅长阿谀奉承的人，或许能够巧妙地处理内部的人际关系，而对外联系或者实施新方案的能力就不一定强了。所以，如果把关系到公司命运的项目委托给这种人，就大错特错了。

人尽其才，把一个人最好的一面发挥出来并加以利用，是作为领导应具备的资质。对于马屁精，就让他拍马屁，把实际业务交给业务能力强的人，使各类人都能够扬长避短，这才算得上知人善任。

在一流料亭①的老板娘或高级夜店的老板娘中，有不少人能挥洒自如地操控那些刺耳的语言，不会使对方感到不快，从而将大人物们变成了自己的主顾。这种"说反话""明贬暗褒"甚至被称为"麻辣马屁"，技术含量那是相当高。

实际上，大人物都习惯了被拍马屁，很少有机会听到逆耳的话。

———————————

① 料亭：日本的高级日式餐厅。

正因如此，对他们说"真了不起啊"，就不如故意说"哎呀哎呀，那怎么行啊"，这令他们感觉更加新鲜刺激。

这种调侃式的高难度马屁需要的是妙语连珠。为了掌握这种能力，从小培养广博而谦恭的识人眼光非常重要。自命不凡，或只是教条地相信正义、伦理等完美无瑕的东西的人，就没有这两下子了。

说来说去，哪怕是拍马屁，其中也包含了为生计所需的能力——灵活的脑瓜、能说会道的嘴皮子，以及喜欢人这一不可缺少的因素。

身体接触的效果

为了和对方息息相通，比语言更有效的接触方式是身体的接触。

互相碰触身体，绝不是什么下流之事，而是加深了解和熟悉对方的一种必要手段。

我想大家应该都看到过在欧美首脑会议期间，首脑们互相拥抱、握手的情景。由此可知，在欧美，男人之间也很注重这种肢体语言。

这是因为，通过身体接触，相互之间可以感受到对方的骨骼、皮肤、体温、气味等，并由此得到超越语言的感官上的亲近和了解，比说十句话更能够深入地了解对方。

通过身体接触，所获得的精神上的亲近感也是非常宝贵的。

一般来说，人上了年纪以后身体变弱，不光是因为体力下降。人常说，病由心生，孤独寂寞会使人缺乏安全感，对身体健康也很不利。

将人们从这样的孤独之中拯救出来的，就是肢体接触。

证据就是，恋爱中的老年人普遍都很健康。

这并不一定是因为有性爱。两个人相依相偎，肌肤接触，握着对方的手，互相摩挲着后背入睡等，通过这些肢体接触，老人的心情就得到了抚慰。

肢体接触引起的兴奋，刺激皮下毛细血管，促进了血液循环，因而能够预防血液沉积，使人皮肤滋润，返老还童。

上了年纪后得的病，有不少是因为精神上的孤寂，因此在心情平静的状态下，相互碰触、相互刺激也能缓解病情。

没有什么比互相触摸更能够了解对方的了。

最近，"联谊会""婚介活动"非常盛行，但过去的主流形式是"舞会"。希望博得女性欢心的男性不光会跳贴面舞，还会跳伦巴和探戈，甚至恰恰舞，几乎所有的舞都会跳。

一跳舞的话，很自然地就会和对方拉手，会接触对方的头发和身体，还会搂住舞伴的腰。这样一来，自己和对方的相配度就能够瞬间了解个八九不离十。就是说，一对男女一边在跳舞一边在品味对方，过去贵族之间通过舞会寻觅恋爱和结婚对象也是同样的道理吧。

从女士优先出发

通过身体接触进行交流虽然直截了当，效果显著，但另一方面，不那么刻意的举手之劳在日常生活中也很有用。具有代表性的就是女士优先。

给女士让路、让她们先进电梯、进入餐厅后为她们脱掉大衣、让她们坐上座等女士优先的行为，是不用特别用心去做的。

甚至应该想都不想，看到了女士就本能地去做。

这种事根本不用做什么判断或者考量，只要看到了女士就让路，这正是女士优先的原点。

男女一起走路时，男士要走在靠近行车道这一侧。女士拿着重物时，要马上帮着拿。这种被男性保护的感觉是女性自古以来就对男性怀有的期望。

但是，日本的女士没怎么受到过这种优待。正因如此，非常自然地做到女士优先的男士就能唤醒女士的原始记忆，让她们感受到男士的潇洒和魅力。

就拿握手来说吧，怎样才能形成这一习惯呢？

这也和女士优先的要领相同。不必刻意去做，见到女士时，不用去琢磨那个人的立场和心情，先伸出手去，于是对方也会伸出手来握住你的手，这就行了。

政治家在选举活动期间，要不断地伸出手去和别人握手。这种时候，看着伸到自己眼前的手，对方或许会犹豫一下，但是不会因此而破坏心情。

如果对方由于害羞没有握住你伸过去的手，那绝不是对你有恶意。

你这样伸出手去，就像去敲对方的心门。对方即使第一次感到困惑，下次再有机会，也一定会敞开心门。

不刻意地、轻松自然地走近对方，向对方伸出手。这样重复多次的话，说不定什么时候就会抓住幸福的青鸟。

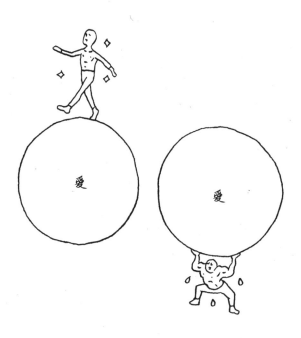

第十一章
进步的和不进步的

你不是自己想象的那种人？！

人既是「理性的进步的生物」，

也是被憎恨、愤怒、嫉妒控制的「鲜活的生物」。

让我们踏上旅途，

去寻找自己以及人的本质吧。

有的东西永存于世，有的东西随着时代而改变。

以短暂的人生来衡量，曾认为是永恒不变的东西经过百年以后，很多已是面目全非，时过境迁。

现在我们认为重要的不可或缺的很多东西，最终会变得毫无用处。而觉得没用的一些东西以后又会变成有用的。

在这变幻莫测的现代社会里，变革的实质到底是什么？

此外，变化的东西和不变的东西是什么呢？在这一章里，就把目光聚集到这里，对此进行一番深入的思考。

与时俱进的东西

我曾经在札幌医科大学附属医院作为临床医生工作了十年，后来成为作家。

不管是当医生时还是在成为作家之后，我都在和各种各样的人打交道，从中学到了很多东西，并且一直在思考有关人的问题。

　　结果，我知道了人有进步飞快的人和几乎原地踏步的人，这两种人是共存的。

　　什么样的东西会进步呢？那就是知识、理论、科学等，它们都属于可以用思想来推进的领域。

　　这个领域里的东西总是日新月异地变化着，而且都具有在前人的成就之上积累新知的特征。

　　自古以来，人类就希望像鸟一样在天空自由翱翔。最初，人们爬上山丘，张开双臂想要飞翔，却飞不起来。后来，在双臂安上巨大的翅膀，猛冲下来也没能成功。达·芬奇虽然留下了直升机的草图，也没能在空中飞。

　　莱特兄弟第一次飞行成功是发生在一九〇三年的事，但是，从那以后不到一百年的时间里，喷气式客机就在空中飞来飞去了。后人踏着前人的成就突飞猛进，从螺旋桨飞机到喷气式飞机，再从超音速飞机到探月火箭，全都成功地研制出来了。

　　医学也是不断向前发展的领域。当我还是整形外科医生时，大学医院里对骨关节脱臼和脊椎病施行的手术，现在大部分已经不再做了。因为人们渐渐发觉那些手术没有多大的效果，在当时却被认为是有效而必要的，我也从未怀疑过。

不仅是我，当时的整形外科医生都对患者说"不做这个手术好不了"。但是现在想来，那只不过是医生在自我炫耀罢了。

如今，被认为是最先进的疗法可能也会随着时间的流逝而被否定，进而被更好的方法取代，并朝着那个方向进一步发展下去。所以，如果听到"这是最好的方法"，并一味相信那是绝对正确的话，是非常危险的。

永远不会进步的东西

那么，什么东西是不进步的呢？那就是欲望和感性，乃至爱情和性爱范畴的东西。

看到草原上盛开的鲜花和满天闪烁的繁星，感受到"美丽"，这种感性是从绳文时代、平安时代，直到生活在现代的人们共通的感觉。几千年前建造的埃及金字塔的造型之美也令我们现代人由衷地感动。

广义上的美学以及人的感受性和由此引发的感动，是历经几千年的沧海桑田也没有多少变化的。

和这种审美意识一样，爱情和性爱也没有改变。

男人爱恋女人的感觉、女人爱慕男人的心情、相见时的喜悦、分别时的悲伤、对情敌的嫉妒等等，从一千年前到今天完全没有改变。

实际上，正因如此，描写坠入爱憎深渊的爱情小说几乎不会因为斗转星移而过时。

与此相对，加入了时代元素的作品，比如以美苏冷战为背景而写作的娱乐小说、以尖端技术为卖点的间谍片等，都会随着时代变迁而落伍。

现在仍被人传诵的、日本平安时代女作家紫式部创作的小说《源氏物语》写于一千多年前。即便不太了解当时平安贵族的生活状态，但男女之爱本身几乎没有变化，所以生活在现代的人们读起来也会觉得很有意思，并为之感动。非但如此，我觉得古人的爱憎和对自然的感受更为丰富。

小说这种东西，一言以蔽之，就是描写不能用人内心的理性和知性来控制的人的本质，描写和表现用道理无法说明的内心真实。

包括现代的电脑在内，广义上的科学是用理论能够解释的所谓学问范畴。

那么，用理论能够加以说明的东西，就交给论文和评论好了。

假设现在这里有一对男女，男人是出自名流家庭的富二代，风度翩翩，毕业于一流大学，前途无可限量，所以女人喜欢他。小说不会写这种故事，因为这种故事太合乎常理了，平庸得没必要去写。

那么，哪种故事可以写写呢？比如说，A男虽然很温柔，但也有靠不住的地方，而且花钱大手大脚，所以女子对他不放心，女子父母也极力反对。可是，该女子还是对他情有独钟，离不开他。

如果是这种故事情节的话，我可能会试着写进小说，因为里面潜藏着用理论无法说明的人的怪异部分，而且这种怪异不光存在于小说的世界里。无论是谁，心中多少会有这种用理论不能完全解释的怪异部分。

因为自己是个理性的人，所以和这种事无缘，自己的意识自己完全可以控制，可能有人会这么想。但是，我希望你知道，有时候人并不能如愿。

人不能完全依靠道理生存。这一点就算你现在不明白，总有一天会意识到的。

而且，这种怪异从某种意义上说，是真实意义上的人性，也是一个人的魅力之源。

注意到这点，你的幸福感就一定会进一步拓展，变得丰富多彩。

男女之爱，止于一代人的智慧

为何爱情和性爱不像学问和科学那样进步呢？

因为这些东西必须自己去体验和感受，才能从真正意义上懂得并学会。

一次也没有体验过恋爱和性爱的人，读多少关于爱情的书，看多少录像也不能理解其真意。

这就和"在席子上游泳"一个道理。一次也没有进过水的人，无论在草席上怎么练习游泳，在大海和游泳池里也游不了。

男女之爱是只限于这一代人的智慧。

无论是男还是女，一个人诞生了，从懵懂无知的幼年时期成长到对异性怦然心动的青春期，和异性交往、体验恋爱。

就是说，那个人是以自身的体验为基础，以自己的感性去思考感受各种各样的事物，逐渐成长起来的。

于是，慢慢懂得了爱是什么，失恋是什么，性爱是什么，结婚又是什么，父母和孩子是什么。等到他觉得自己对各种各样的事情终于懂得了一些的时候，已经开始衰老了，离死亡不远了。

即便对人性有亲身体验和深刻理解的父母，他们的这些智慧也不可能从一到十全部传授给孩子，孩子还是要从零开始学起。孩子进入青春期后，对异性的兴趣渐渐增强，在亲身经历了自己独有的感动，有时甚至是痛苦的经历之后，才会一点点明白起来。等到他觉得差不多了的时候，也快走到生命的尽头了。

正如沙滩上用沙子堆积的城堡一样，一个浪头打来就消失得无影无踪了。

恋爱无论经过多少代人的重复，也都是一切从零开始，最后又归于零。所谓止于一代人的智慧，说的就是这个意思。

恋爱这种事，不是像科学文明那样，以前人的知识和发明为基础层层积累上去的，一切都需要亲身体验，用自己的感性去学习。

即使不是毕业于名牌大学，即使没有学过书本知识，但拥有丰富的体验，并能够敏锐地感受它们，这样的人比起那些只有书本知识的人来，能够感受到更强烈、更巨大的幸福。

人之所以为人

有的人发出这样的感叹："在这么进步的文明社会里，人类还是在重复着一些喜欢啦，讨厌啦，情啦，爱啦之类无聊的事情，为什么没有进步呢？"

可是，人这种生物并不是那么合乎理性的存在。不仅如此，人还是一种怪异的生物，从某种意义上说，是一种蕴藏着令人毛骨悚然的情感的生物。

人类的学名"homo sapiens"，意思是"有智慧的人"，这个词汇里也包含着高居动物界最进步的灵长类顶尖位置的自负。

和其他动物比起来，人类的特征在于理性，或者说是逻辑性，并且能够进行抽象的思考。这是人类值得夸耀的天赋，对此我没有异议，但是人类在原点上是潜藏着动物性的。

人类经过几亿年的光阴，从有鳃鱼类、两栖类进化到哺乳类。而且，所有的人胎儿期都在妈妈的肚子里经历从低等动物到人类的进化过程。

受精卵不断地进行细胞分裂，这个过程和其他动物几乎没有不同。然后，到了怀孕第八周以后，胎儿终于从外观上变得有点像人了。从怀孕到生产一般需要二百八十天。在这段时间里，所有诞生到这个世界的人都在妈妈的肚子里一气经历了从动物进化到人类的整个历史。

在生命诞生的过程中，"个体诞生是在重复系统诞生"，意思是说，"每一个人的出生，都是在重复生命进化的历史"。

因为在人类的原点上有所有生物，人类并没有完全从动物的领域分离出来。人类既是努力积累知识、实现理想的"进步的生物"，同时也是心怀憎恨、愤怒、嫉妒等质朴的感情，并被这些感情左右的"鲜活的生物"。

如果缺失了这鲜活的部分，人的所有心情和行动就都能用理智和逻辑加以说明、控制了。这样的话可能很方便，不过，这就与质量差的机器人或电脑没什么两样了。

换句话说，人之所以为人，正是因为人的内心里潜藏着这个不进步的领域，希望大家至少能清楚地认识到这一点。

如果盲目相信现代社会的原则，在社会理想和自己的真心之间就会产生巨大的裂痕。这裂痕对于生活在现代的人们来说，就会变成巨大的精神压力。

与其那样，还不如做一个更真实一些的人。

可爱的地方也好，可恨的地方也好，善良也好，邪恶也好——拥有这一切的人，才能称之为人。

而且，这些都是不必介意的。

正因为有这些想法，你才是一个人，一个值得去爱的男人或女人。

"这样挺好的。"首先要这样肯定自己，热爱你内心的那部分自然温柔，并培育它们生长，这就是迈向寻觅幸福之旅的第一步。

第十二章 从『男时』到『女时』

从『男时』到『女时』，时代潮流发生着巨大变化。

男女分工已今非昔比，所谓『男人充实』『女人满足』，也装填了前所未有的新内涵。

文明的进步在发达国家，不仅是社会性的、政治性的，就连身边的"男人和女人的评价标准"也发生了很大的变化。

　　尤其值得注意的是，在日本，近二三十年来，一般人认可的男女分工标准正在以城市为中心急剧变化着。

　　原始时代姑且不论，直到近世，人类社会经常是充满了危险。古时候，为了与野兽搏斗，后来为抵御周边的异族等各种外来敌人，保护全族和土地不受侵犯，社会需要勇猛的男人。而且，为了开垦山林、田间耕作、获取食物，男人的强悍也是不可缺少的。

　　从战国时代到江户时代以及近现代，国与国之间的战争，没有男人也不可能取得胜利。

　　身强力壮，所向无敌——这是自古以来要求男人具备的能力。

可是，进入和平时期，在社会环境发生了翻天覆地变化的当下，像以往那样只是强悍的男人渐渐不再需要了，感情细腻的，甚至能够负担家务、育儿的男人吃香起来了。

掉价的"爸爸"股

在这样的身边已没有危险存在的太平之世，"爸爸"的价值也就一落千丈了。

丈夫把相当于古代人的猎物的工资袋拿回家，亲手交给妻子的那个时候，其存在感还说得过去，可是，工资自从打到银行卡上以后，就不再交到妻子手上了。于是，丈夫的存在感便迅速减弱了。而且，随着科学的发展，便捷的器具接二连三地被发明出来，男人的作用渐渐变得不那么重要了。

我小的时候，下过大雪后，都是爸爸铲去屋顶上堆积的雪，还有搬运重物等等。每当这种时候，勇武有力的爸爸令我充满自豪感。

在家里也是一样，重的东西都是靠爸爸来搬，放在高处的东西也是由爸爸轻而易举地拿下来。

可是现在，自古传承下来的"抵御外敌、守护家园的男人"和"怀孕、生子、育儿、管家的女人"的男女分工越来越模糊，男人能够炫耀其存在感的机会也越来越少了。与此同时，身边有个男人的必要性也迅速消失了。

这些就是和平富足的年代带来的现实，甚至可以说，我们生活在人类历史上从未有过的新环境之中。

文明进步对男人有利吗？

日本明治、大正时代的女性，因没有限制，会生好多孩子。每天做饭却没有煤气炉，用的是炉灶，洗衣服也都是手洗，家务沉重得和现在无法相比。

从生养孩子、照料老人到田里的农活，她们什么都要干。

和那个时代相比，现在的便捷简直是前所未有的。全自动洗衣机的发明已经让人瞠目了，现在还发明了全自动干燥机，连晾衣服的时间都省了，洗碗机以及自动吸尘器也进入了市场。曾经由女性承担的家务迅速变得轻松起来，相反，孩子却越生越少了。

如上所述，随着各个领域的不断智能化，女性的负担减少了，然而并不能说这些对于男性也同样是有利的。

比如，新干线的开通节省了路上的时间，但是以往出差可以悠然地在外住宿一夜再返回，现在则必须当天往返，回到公司继续工作。由于手机和网络的普及，即便离开了公司，也不能摆脱工作。

这样身心疲惫的丈夫回到家里，和从家务中解放出来、时间充裕起来的主妇之间，体力方面不用说了，在许多夫妻共同拥有的时间里，两人也逐渐出现了微妙的错位。而且，在城市里，自己也有收入的所谓职业女性在急速增多。

随着网络的普及，很多人不用出门，在自己家里也能够很有效率地工作。实际上，操作电脑完全不需要男人的力气。

这样一来，随着拥有经济实力的女性的增加，男性得天独厚的、以男性为中心的社会正在逐渐成为过去。

这一点，在前面第五章《摆脱思维定式》里也谈到了。

男人和女人的性格差异

因此，男人和女人的分工不可能一成不变地持续下去了。大家现在已经知道了这个道理，那么，在朝着新时代发展之际，男人和女人各自应该注意些什么问题呢？

这里首先不能忘记的是，男人和女人的性格以及想法的差异。

除了特殊情况以外，一般来说，女性的好恶很分明，有时候，她们会坦率地把自己的想法表达出来。即便看起来很成熟的女人，实际上也有很坚决、很严厉的一面。

然而，许多男性并没有意识到这一点。看她们表面很稳重、很谨慎的样子，其实这些只是显露给男人们看的她们的面孔之一而已。

男人们一直无视女性内心激烈的一面，以为男性不仅在身体上，在性格上也更强大、更激烈。

其实，这只是迷惑于男人高大体格的错觉罢了。

一旦和男人有了关系，女人就会坚决地、不停地表达自己的心情。与此相反，男人却不能够这么爽快，有时会腼腆或胆怯起来，表述得比较暧昧。

说实在的，男人也许是由于身体强健，不擅长安静地说话，一不顺心便大吼起来，甚至会动粗。

总之，男人不擅长没完没了地谈话，相反，女人则特别喜欢说话——这一区别，从女性说话的长度就可以看出来。更重要的是，女性不允许暧昧的妥协。可是，男人本质上就是暧昧的生物。即使见解不同，也不过是说"差不多吧"来抚慰对方。

这种区别很明显地表现在爱情方面。

简而言之，男人所说的"喜欢"是相对的，女人说"喜欢"某个男人的话，他就是唯一的。男人则不是非此女子不可，她不行的话，换一个也可以对付。

这种男人和女人的差异也会表现在行动中。女人的分手是没有余地的，男人的分手却包含着余地。因此，女人分手的时候要比男人干脆，一旦不喜欢了，连看都不想再看一眼。

和女人这种毅然决然相比，男人简直就是优柔寡断。

他们嘴里说着："我讨厌你，不想再见到你。"过了不久，那个女人打电话来，男人又满不在乎地去见她了。尽管分手时那么坚决，可是对方稍微说点好听的，他就心软了。

由此可见，比起看似坚强的男人来，看似温柔的女人更决绝、更苛求。

在爱情的浓度上，女性似乎更热烈，可是一旦分手，女性则更加无情、冷酷。

男性却总是优柔寡断，虽然想要和妻子离婚，可是一旦动真格的，又下不了决心，左思右想地犹豫来犹豫去，最后还是嫌麻烦，错过了离婚的时机。等到明白过来时，却也只好怀着一肚子不满，一起过日子了。

这些倾向没有什么好与不好，只能说是男人和女人的本质使然。

男人诞生于女人

你知道吗，"所有的男人都曾经是女人"。

卵子接受精子，在母亲的肚子里经过不断的细胞分裂，生命诞生。生出男孩子还是女孩子，取决于受精卵的染色体是 XY 还是 XX。

不过，在妊娠前两个月，胎儿无论男女都是一样的。

之后，由于 Y 染色体的作用，受到被称作睾酮的成为男性的荷尔蒙影响，一直作为女性成长的胎儿就变成了男性。

如果染色体是 XX 的话，则继续成长，生为女性。

也就是说，"变性"的话，成为男性；"不变"的话，就成为女性。

由此可知，所有的人最初都是女性。

这样诞生的男孩子就会在家长的"要像个男孩子"的教育下成长，动不动就会听到"男孩子，就要说话痛快！""你是男孩子，不能哭哭啼啼的！"之类的训诫。

人们觉得不服输、沉着稳重、不计较小事等是男人的象征，如果不有意识地这么教育、规诫的话，男孩子就不成器。其实，即便成了这样的男人，他们也会变回去的。

反之，对于女孩子，人们却要求她们要"像个淑女"，不要想说什么就说什么，要柔顺温和、感情细腻等。

不过，女孩子之所以经常被母亲提醒"要像个女孩子"，是因为她们的本质并非如此。

在我的印象中，一般人所说的"像个女孩子"其实是男人的本性，而"像个男子汉"才是女人的本色。所以，在实际生活中，才要对男孩子要求"像个男孩子"，对女孩子要求"像个女孩子"，以此来分别加以矫正。

很多人觉得，一般来说，随着年龄的增长，女性的个性会越来越强。其实并不是越来越强，而是她们本来的强硬性格暴露出来了而已。

最能够如实表现这一点的，是夫妻俩的照片。

看新婚时的照片，新郎新娘一目了然。但是，经过时间的磨砺，斗转星移，原来具有的本性逐渐显现在脸上了。从六十岁到七十岁，再到八十岁，哪个是丈夫、哪个是妻子就越来越不清晰了。

看到老夫妻并肩而坐的照片，右边的老人表情柔和宽厚，就问："这位是奶奶？"回答："是爷爷。"反之，坐在左边的老人看着很有主见的样子，如果问一句："是爷爷？"却得到"是奶奶"的回答。

可见，随着年龄增长，女性的强硬度越来越明显，这也可以说是造物主赐给要生儿育女，甚至要照看孙子辈的女性的天性吧。

因而出现"草食男"

最近，日本的年轻男性对于恋爱结婚都不太积极，被称为"草食男"，这也和社会变化有很大关系。

以前男人结婚的理由有很多，比如一日三餐有人做、房间有人打扫干净、衣服有人洗等等。这些生活起居的需求是很重要的原因。

可是，现在各种快餐和便利店随处可见，不会做饭也饿不着。吸尘器和洗衣机等也一应俱全，很多家务不用依靠女性来做了。

总之，一切都变得非常方便了，男人独自生活也不成问题了。而且，对于曾经是很大问题的"能够得到可以随时做爱的固定伴侣"这一结婚好处，男人的需求方式也发生了变化。

在性的方面，和妻子感情浓厚的时候，还没有问题，但渐渐地就会互相厌倦或不满起来。这时候，比起致力于改善关系，男人们更倾向于通过自慰、看色情录像带来获得满足。

在性的快感方面，男人和女人差别很大。

男人的性是瞬间燃尽的，不会因多次反复而加深。他们的快感和童贞的时候没有太大变化，而且随着年龄增长，不减弱已经不错了。

相反，女人的性会随着年龄增长而盛开、充实起来——当然，前提是在她喜欢的男性的温柔引导之下。于是，最初的痛苦很快就转变为快乐，这一变化是女性被赋予的特权。

然而，几乎所有的男性，只要有了性行为，便得到了一定程度的满足。且不谈过程愉悦与否，只要一结束，便觉得可以鸣金收兵了。

可是，女性却不能就此结束。虽然性结合的过程也重要，但她们并非仅仅满足于此。女性的生理需求与精神结合得更深，比起男人来要复杂得多。在这一过程中，只有达到身心完全吻合的顶点，她们才会获得被爱的满足感。

因此，有不少男人觉得随心所欲的自慰要比和现实中的女性做爱更轻松快乐，这也使得越来越多的男人觉得恋爱结婚太麻烦，成立家庭负担过重，得不偿失。

男人要积极生存于"女时"

丈夫在外面打拼，妻子作为专职主妇在家里相夫教子，这种旧式婚姻形态在城市里已经越来越稀有了。因为房租和生活费比较高，光靠丈夫一个人的工资养活不了一家人，所以双职工现象的普遍也是必然的了。

夫妻之间也不再称呼"当家的"和"老婆"，而是变成了关系平等的生活伴侣。

在东京这样的大都市里，平等的夫妻观已经很普遍了，从家务到育儿，由夫妻共同分担正在被人们接受。不过，在不够开放的地区，人们至今对夫妻平等或男女平等还是很抵触。

在北陆的某个城市，一位保育员未婚生子引起轩然大波，最后该保育员不得不辞职。在东京的报纸上，却是另一种舆论。

例如："孩子们喜欢的好阿姨，即便是未婚母亲，也不应该剥夺她的工作。""现在都什么时代了，日本竟然还有这么落后的地方，真不可思议。"等等。可是，一个月后，我去那个地方演讲，在向当地的人询问他们的看法时，大部分人认为："怎么能把孩子交给未婚母亲那样的人照顾呢？"

这只能说他们想法陈旧，不过，也说明了"未婚母亲 = 不检点"这种意识还在一些地区根深蒂固地存在着。

道德，也就是伦理观和道德观的差异，有时会在意想不到的地方成为冲突的原因。

双职工有了孩子，从乡下来的婆婆看见儿子给孩子换尿布，就会生气地说："怎么能让丈夫干这些活儿呢？""男人不该干这些呀。"

那些从农村进城的英才，从小在以男人为中心的家庭环境中长大的男人，在恋爱结婚时受到城市女性排斥的情况并不少见。这也显示出都市女性对于地方上残存的习以为常的大男子主义的拒绝态度。

女性一旦在社会上自立，具有了经济实力，像以往那样"靠男人养活"就不是跟男性结合的必要条件了。在城市工作的女性里，有不少人觉得男人没有钱也无所谓，没有很高的社会地位也没关系，只要对我很体贴、在一起很快乐就可以——可见女性对男性的评价标准也在变化。当然，在穿着方面也要讲究一些，因为粗野邋遢的男人不再受欢迎了。

以前那些被瞧不起的"没出息"的男人，如今因成了"温柔善良的男人"而受到女性青睐。相反，"沉默寡言而有能力的男人"降格到了"不知道他们在想什么，无聊的男人"。

赞美女性、取悦女性并不一定就是好色之徒。对女性体贴入微、能说会道、能满足女人的性能力强的男人，是最可爱、最棒的。现在的女性公然说喜欢这样的男人，并追求这样的男人。

尽管如此，现在大多数的日本男人仍然不善言辞，缺乏表现力。他们不认为这是个弱点，以为对方会喜欢自己，这样盲目自信的男人不在少数。可是，满足于这样的男人的女性正在急速减少。

了解男人和女人的不同

为了与"女时"相呼应，男人也必须开始改变。正如前面所述，能够改变自己是年轻的标志，是一种才能。不过，不要忘记的是，男人追求的幸福和女人追求的幸福，归根结底有着微妙的不同。

男人是社会性的生物，所以他们首先追求社会地位和事业的价值。而女人追求的首先是舒适的家庭、生儿育女的喜悦。

同样的需求，男女的首选却是有区别的。

尽管如此，由于各种契机或周围环境的不同，相互交叉、转换的情况也不少见。

这时候，最重要的是倾听对方的看法，相互沟通。

因此，二人意见相左、谈不拢也没有关系。

自己和妻子，或者自己和男友，知道了双方哪儿不一致的话，就能以此为基础，商量一下怎样才能达到相互理解、和好的目的，这样就能够向前迈进一步了。

男人和女人不必害怕知道两人之间的分歧。只有知道了，两人之间才会产生新的幸福纽带。"男时"和"女时"原本是能剧[1]的词汇，"男时"是指运气好、往上走的时候，"女时"是指运气不好、无论怎么努力也不管用的时候。世阿弥[2]在《风姿花传》（世阿弥所著的能剧理论书）里谆谆教导，要为了将要到来的"男时"而不断精进。

不能简单地说"男时"好，"女时"不好。

如果说高速发展和泡沫经济时期是日本的"男时"，那么走向华丽的，或者说成熟的，有女性参与其中的现代，或许就是"女时"了。

---

① 能剧：日本传统戏剧之一。主要以日本传统文学作品为脚本，在表演形式上辅以面具、服装、道具和舞蹈。

② 世阿弥：1363—1443，日本室町时代初期的猿乐演员与剧作家，留下的许多著作流传至今。

总而言之，现在是自由的时代，不必受世人的看法左右。

想要结婚就结婚，过得不好就离婚，然后，再婚也可以，不再婚也可以。

要更加自由、开放地思考人生，要选择适合自己的生活方式，积极而开朗地生活下去。

幸福这只青鸟正在你的前方振翅欲飞呢。

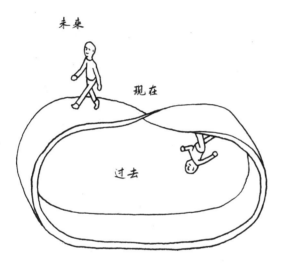

未来

现在

过去

谢谢你看到最后。

现在，想最后补充一句，这就是"不要放弃"。

"不行了。""我做不到。""我没有这个能力。""越努力越不行。"说这样限定、否定自己的话，你心里的自我就会悲伤哭泣。

其实人与人之间，并没有多大的差距。

看起来很优秀的人与看似很愚昧的人之间，几乎没有什么差距。

看表面好像差距很大，但是从体内潜藏的能力来说，几乎没有区别。

看一下那些运动员就会明白了。

有人摘取了奥运会的金牌，也有人体育完全不行。

看起来两人之间存在着巨大的差距，然而他们原本是没有什么差距的。

实际上，婴儿大都是在十个月时开始爬，快到一岁的时候能站起来，开始蹒跚学步。

这是人类这种生物共同的体能和原点。

关键是从少年时期到青年时期做过哪些运动，是怎样锻炼身体的，差距是由这些事情拉开的。

不过，人们天生的能力原本是完全相同的。

这一点也适用于头脑的能力和才能。

无论是出类拔萃的精英还是愚蠢透顶的庸人，其天赋都是相同的。

问题在于是否很早就积极有效地使用这个大脑。

学习好的孩子，在学习这个领域，很小就开始不断地进行训练，从而喜欢上了学习。

正如参加奥运会的游泳运动员从小就开始练习游泳，游得越来越好，最终喜欢上了游泳一样。

不过，人生并非只有学习和游泳，在每一个人面前，都有着无数的领域。

"除了学习之外，我干什么都会上瘾。""我好奇心旺盛，一看见流行的东西就想学。""我不喜欢思考，喜欢和人打交道。""不管在哪儿，我都能说睡就睡，说醒就醒。""我老是被人欺负。""不愉快的事，我能马上忘掉。"等等，这些都是相应的才能。

如果将这些才能加以发挥，它们就会变成很优秀的能力。

不言而喻，人是地球上最高级的灵长类动物，其才能也比任何一种动物都发达、都丰富。

现在，正在看这本书的读者，你也具备几种才能的。

虽然你不觉得这算什么才能，但是在不同的时间地点，这些才能就会变成卓越的能力。

人生并不是单纯由脑子好或者什么都知道之类决定的。

总之，人生是漫长而丰富多彩的。在这个过程中，你要找出自己最好的地方，发挥它，赞美它，增加自己的自信。

你既然是这个世界上最高级的人类，就一定会具备一两个出类拔萃的长处。

你不应该忘记这一点，不要自暴自弃。

因为你自有你的过人之处。

尽管现在没有显露出来，但是你拥有早晚会被人认可、被人赞美的才能。

你要这样告诉自己，要抱有信心，向前迈出第一步。

这样一来，你迟早会在人生这场漫长的比赛中，抓住幸福，成为幸福达人！